U0382145

看一眼就能理解题目的意图

看一眼就想寻找题目的答案

——这就是本书的目标

问题 1

请问秤盘里总共有多少个砝码？

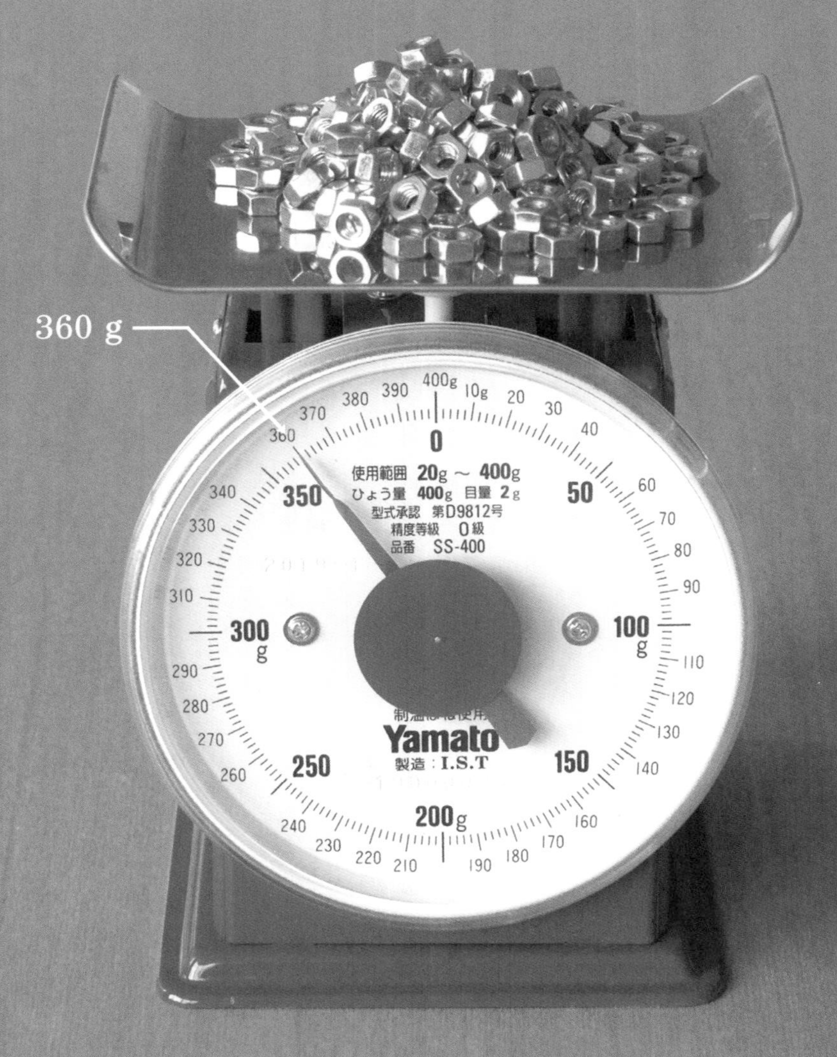

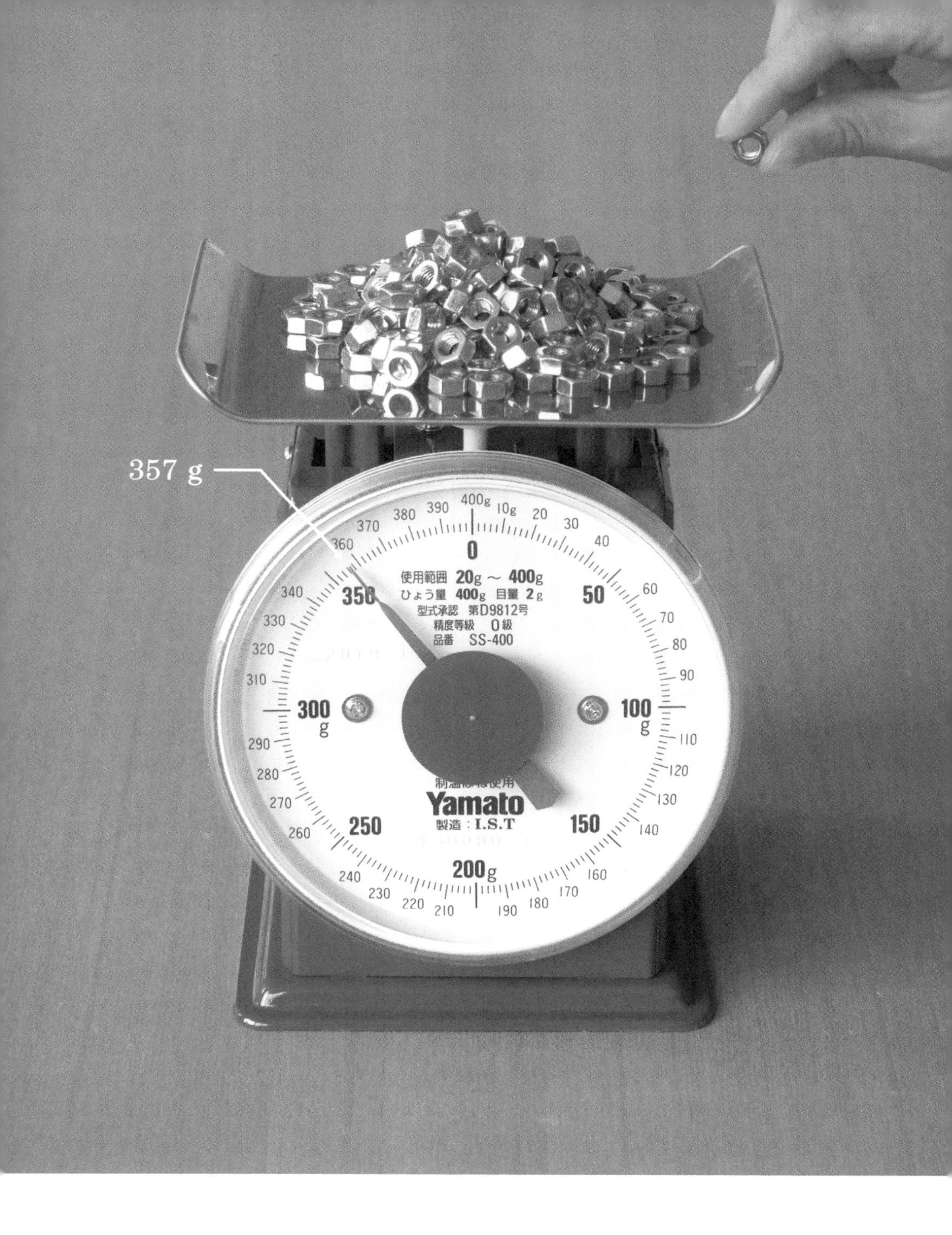

请先自己想一想，
再翻到下一页。

思 路

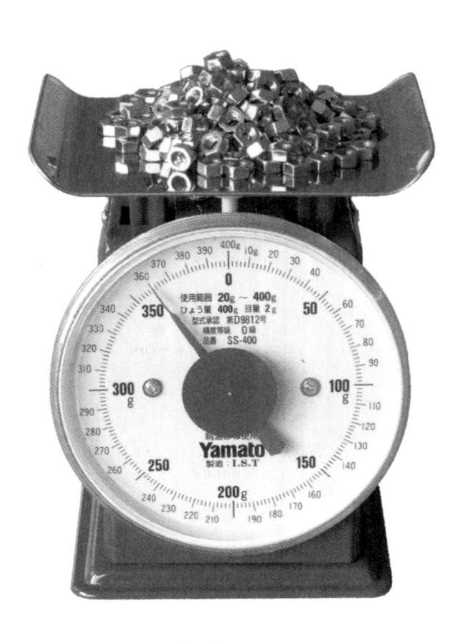
0
50
100
150
200g
250
300
350
使用範囲 20g ~ 400g
ひょう量 400g 目量 2g
品番 SS-400
Yamato

—

360 g

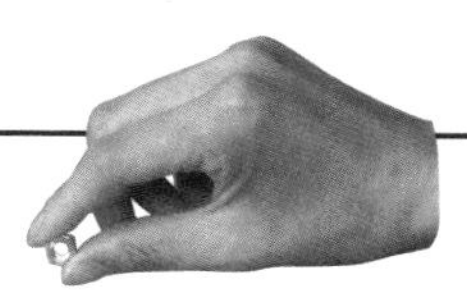

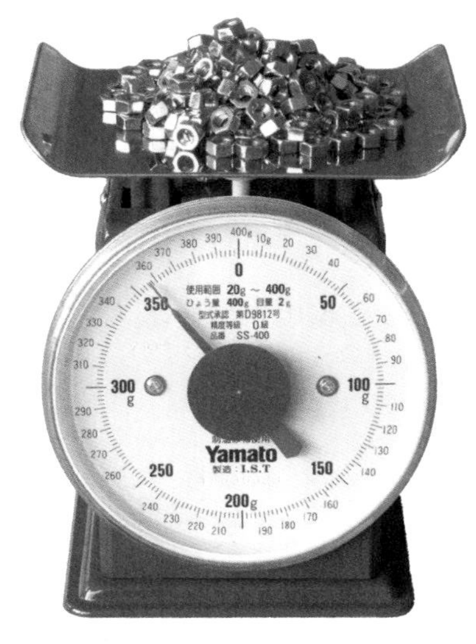

=

357 g

3 g

第一次称重 **360 g**。

一个砝码的重量为 **3 g**。

用 **360** 除以 **3**，就能得出砝码的个数。

360 g ÷3 g =120

答案：120 个

问题 2

有三块正方形的巧克力。

三块巧克力的厚度是一样的。

你可以选择左边的一块大巧克力，也可以选择右边的两块小巧克力。

请问，选择哪一边的巧克力可以得到更多巧克力？

实际上，不需要用秤称或者用尺子量，只需要用一种特殊的方式摆放巧克力，就能得到答案。

1 2 3 4 5
较难

思　路

利用勾股定理。

如果大巧克力的面积与两块小巧克力的面积之和是一样的：

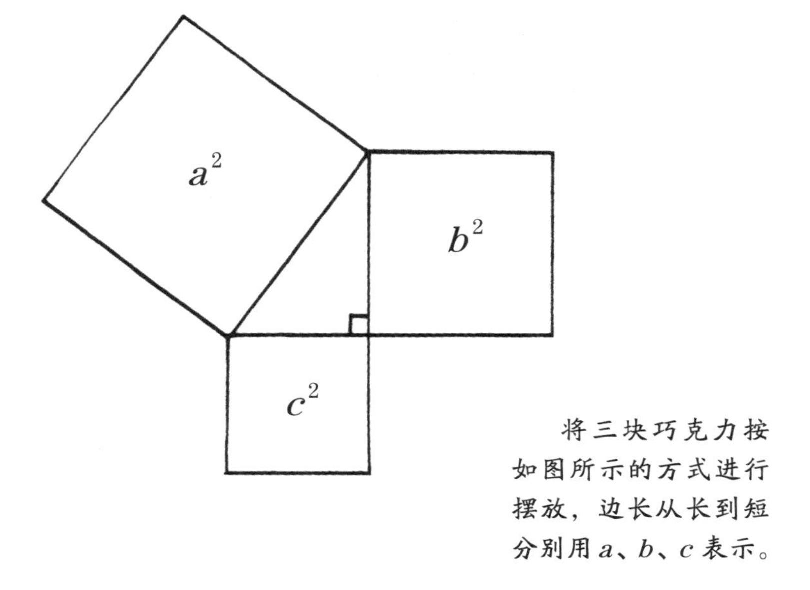

将三块巧克力按如图所示的方式进行摆放，边长从长到短分别用 a、b、c 表示。

摆放成上图所示的样子。

根据勾股定理，$a^2=b^2+c^2$。

如果将三块巧克力的边摆成一个直角三角形：

那么，就可以得出结论，选择左边的大巧克力可以得到更多的巧克力。

答案：左边的大巧克力

问题 3

这里是码头。
一个系缆桩上系着两艘船的缆绳。
在不解开右边船的缆绳的前提下，
怎样解开左边船的缆绳，让它先开出去?

1 2 3 4 5
一般

思 路

在脑海中展开想象。

一个系缆桩上系着两艘船的缆绳。

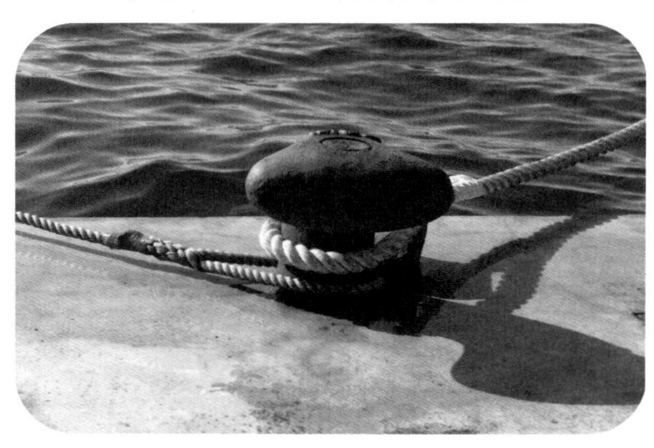

为了能够更清楚地观察缆绳的移动，我们先制作一个模型。

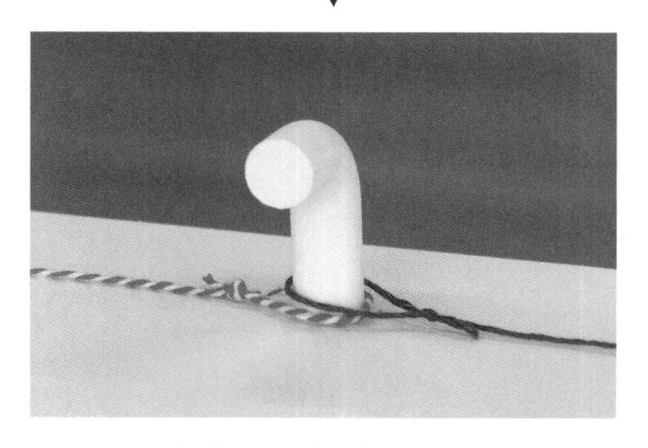

用这个模型来模拟解开缆绳的过程。

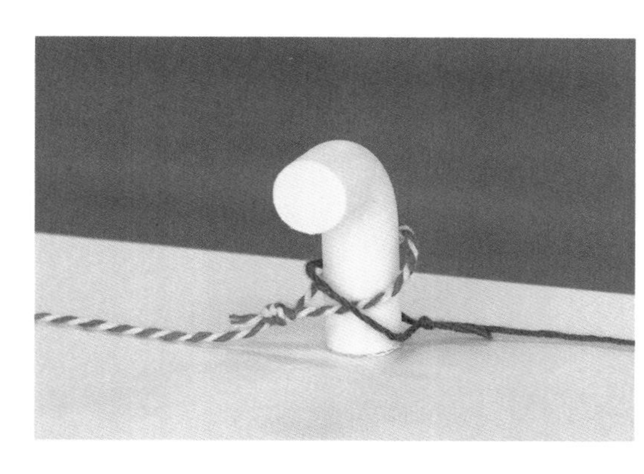

第一步

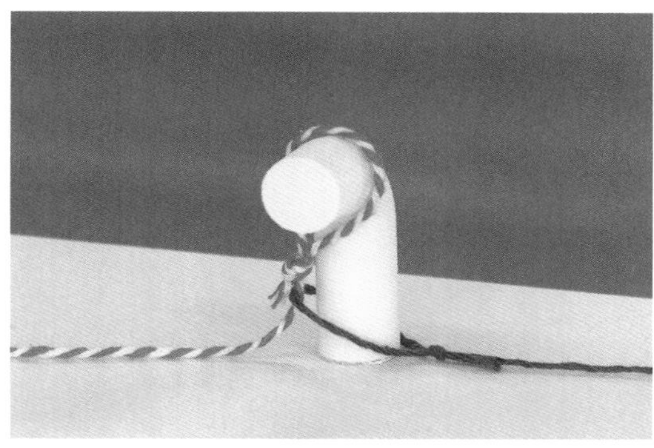

第二步

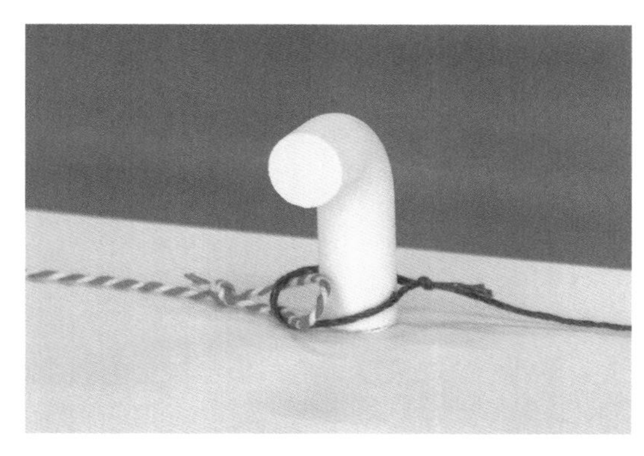

第三步

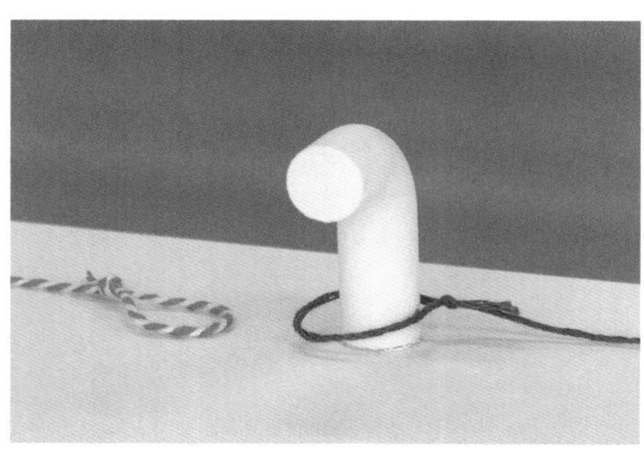

成功了！

利用图示方法，即使不解开右边船的缆绳，也能解开左边船的缆绳。

请对照着码头的照片，在脑海里想象图示解开左边船的缆绳的过程，肯定能够成功解开缆绳。

看一眼就想解答的数学

（彩图版）

［日］佐藤雅彦　［日］大岛辽　［日］广濑隼也　／著

陶思瑜　／译

人民东方出版传媒
People's Oriental Publishing & Media
東方出版社
The Oriental Press

目录

难度表

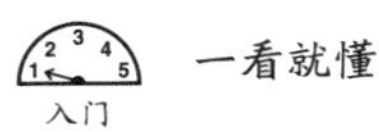
入门 一看就懂

容易 需要稍微思考一下

一般 需要思考 10 分钟

较难 需要思考 30 分钟

很难 可能需要思考 1 个小时

超难 超高难度

每个问题旁边都有难度标识，仅供参考

第 1 章

它们的大小竟然一样

相同的面积

问题 4　巴士的窗户
问题 5　妈妈分奶酪

巴士的窗户稍微打开了一点儿，求打开部分 S 的面积。

窗户高 80 cm，打开的部分宽 7 cm。

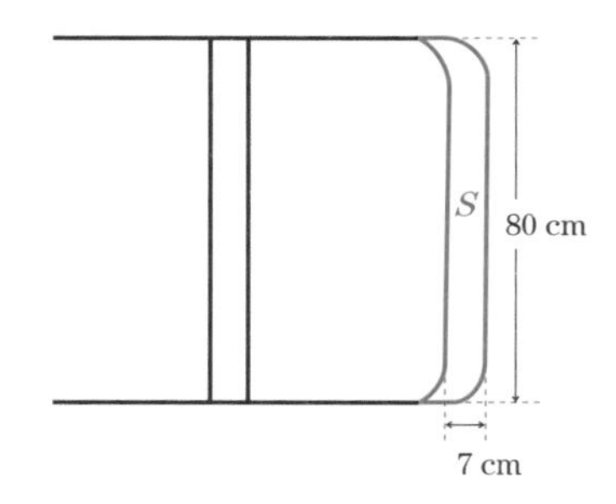

容易

思 路

待求面积的区域
其实还出现在了别的地方。

打开窗户后，出现区域 S。
同时，两块窗玻璃出现了重叠部分 S' 。

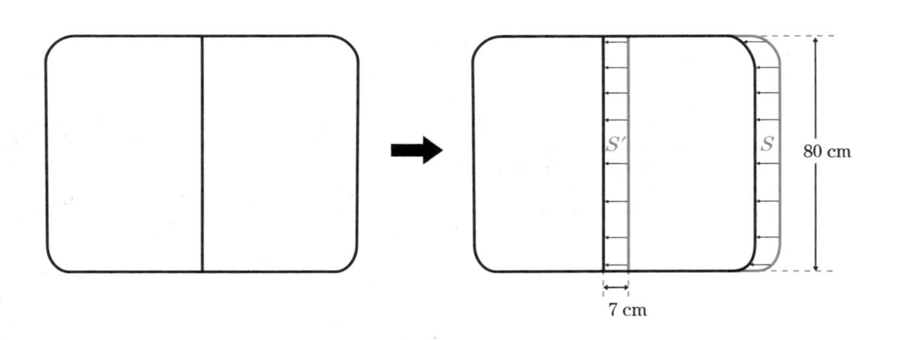

因为窗户打开部分 S 的面积等于窗玻璃重叠部分 S' 的面积，所以是 560 cm^2。

答案：560 cm^2

问题 5

妈妈分奶酪

佐藤家一共有 4 个人，分别是爸爸、妈妈和双胞胎兄弟。

兄弟俩现在是小学四年级的学生。

妈妈在任何事情上都平等对待他们俩。

否则，兄弟俩马上就会争吵起来。

有一天，爸爸下班回家时，去百货商店买了全家人都非常喜欢的奶酪。

摄于松屋银座
百货商店的食品卖场

这是一块约 2 cm 厚的天然奶酪。

从上往下看，平放着的奶酪呈梯形。

左右两边的长度似乎不一样。

妈妈想让兄弟俩吃到相同分量的奶酪，打算如上图那样切开奶酪。

下面的大三角形分给爸爸。
上面的小三角形分给妈妈。
左右两边的三角形分给兄弟俩。

但是兄弟俩觉得左右两边的奶酪大小不一样，不同意这样分。

你可以帮妈妈证明，她分奶酪的方法是正确的吗？

思 路

先从容易的地方入手，
寻找相同的面积。

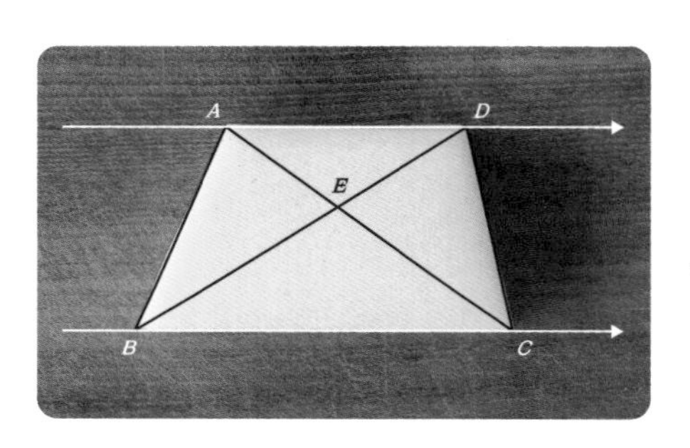

梯形的上下两底边是平行的。

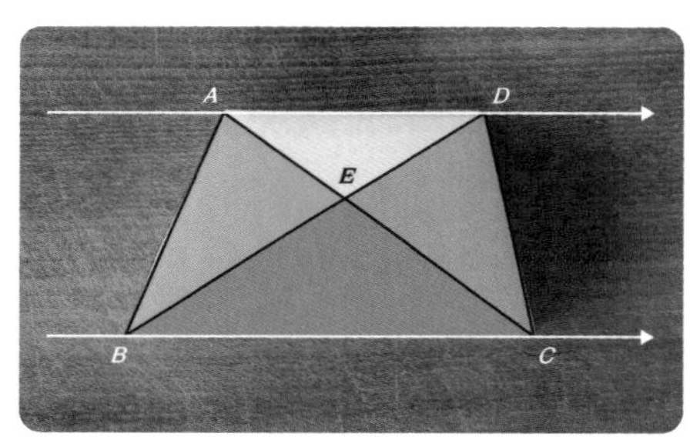

所以 ▲ABC 与 ▲DBC 的高相等。

也就是说，▲ABC 与 ▲DBC 的面积相等。

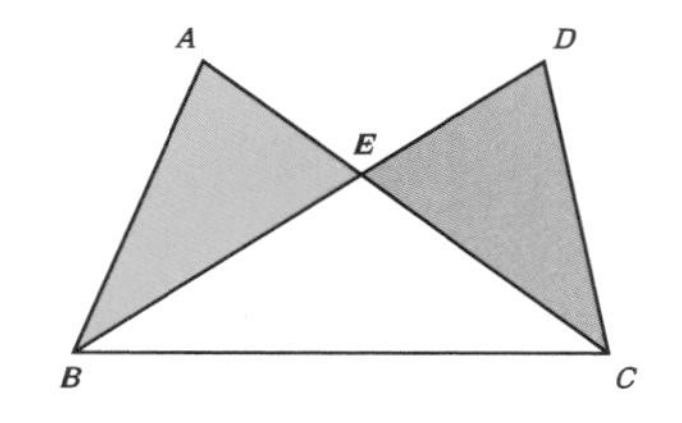

从面积相等的 $\triangle ABC$ 与 $\triangle DBC$ 中减去 $\triangle EBC$，剩下的两个三角形面积当然相等。

所以，兄弟俩分到的奶酪分量相同。

妈妈分奶酪的方法是对的。

PURVEYORS OF
1886
Whittard

第 2 章

关注不变量　就能发现『真相』

不变量的问题

问题 6　6 个小朋友与 6 个方格

问题 7　黑板上的 0 与 1

问题 8　5 个纸杯

问题 6　6 个小朋友与 6 个方格

6 个小朋友分别站在方格里。

老师每吹一次哨子，所有的小朋友就同时移动，要么向左移动一格，要么向右移动一格，不需要方向统一，但不能跑出格子。

请问老师吹到第几次哨子时，

一个方格里可能有 4 个以上的小朋友？

1 2 3 4 5

一般

思 路

用颜色交替区分方格。

用专业术语来说，
就是“二值化”。

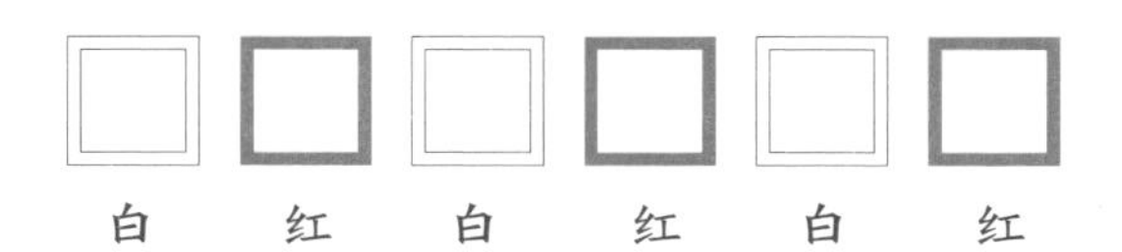

最开始时，白格子里有 3 人，红格子里也有 3 人。

老师吹哨后，

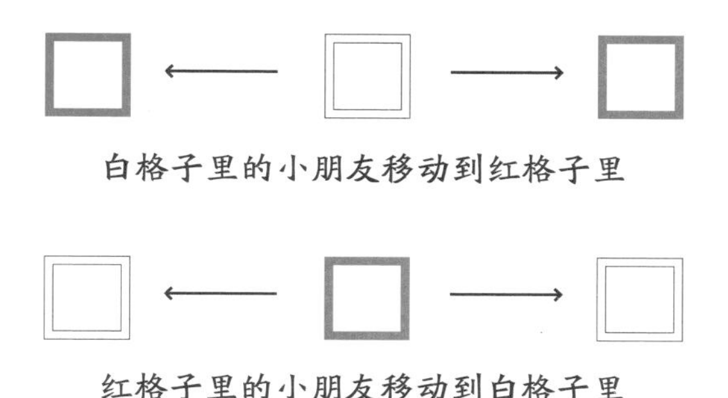

白格子里的小朋友移动到红格子里

红格子里的小朋友移动到白格子里

也就是说，白格子里始终只有 3 人，红格子里也始终只有 3 人。

因此，一个方格里不可能有 4 个小朋友。

就像“白格子里有 3 人，红格子里有 3 人”这样，操作前后始终保持不变的量被称为“不变量”。关注“不变量”可以帮助你解答问题。

不变量

问题 7　黑板上的 0 与 1

教室的黑板上写着 6 个“0”和 5 个“1”。

请任意选择两个数字，将它们擦掉，然后补写上一个新数字。

擦写规则：

* 如果擦掉的两个数字一样，就补写一个“0”。

* 如果擦掉的两个数字不一样，就补写一个“1”。

根据规则重复擦写 10 次后，
黑板上最终会剩下 1 个数字。
你知道是哪个数字吗?

容易

问题 7　解答

0 0 0 0 0 0

1 1 1 1 1

思　路

归纳总结变化的规律，

找到操作中的不变量。

每进行一次擦写，黑板上的数字会出现怎样的变化呢？

Ⓐ 擦掉两个“0”，补写一个“0” ⟶ 数字之和的变化为 0。

Ⓑ 擦掉两个“1”，补写一个“0” ⟶ 数字之和的变化为 -2。

Ⓒ 擦掉一个“0”和一个“1”，补写一个“1” ⟶ 数字之和的变化为 0。

无论是哪种情况，数字之和的变化都是偶数。

最初，黑板上的数字之和是“5”，是奇数。

奇数和偶数相加减，所得的结果永远是奇数。

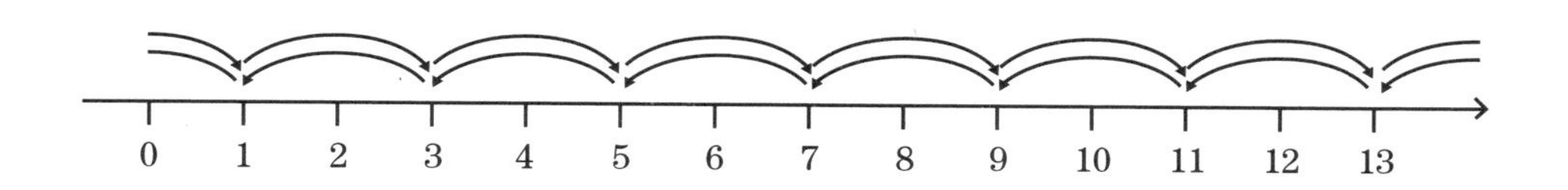

所以，黑板上最后剩下的数字也将是奇数，即“1”。

答案：1

黑板上的数字在每次擦写后都会发生变化，数字之和也会随之变化。但是在这之中，有的量是不变的。

佐藤

是的。数字之和是偶数还是奇数，这一点是不变的。

大岛

问题 8　5 个纸杯

桌子上摆着 5 个纸杯，杯口全都朝上。

每次翻转两个纸杯，最终能使所有纸杯的杯口都朝下吗？

问题 8 解答

开始时，杯口朝上的纸杯数量是 5。
最终能否使杯口朝上的纸杯数量变成 0 呢？

思　路

在每次翻转两个纸杯的过程中，
存在着不变量。

每次翻转两个纸杯，杯口朝上的纸杯数量变化有以下3种。

仔细观察后会发现，无论是哪种情况，杯口朝上的纸杯增减的数量都是偶数，要么是“0”个，要么是“±2”个。

杯口朝上的纸杯数量最初是5个，即奇数。奇数加减偶数，只能得到奇数。

所以，无论翻转多少次纸杯，杯口朝上的纸杯数量都会是奇数。

因此，杯口朝上的纸杯数量不会变成偶数“0”。

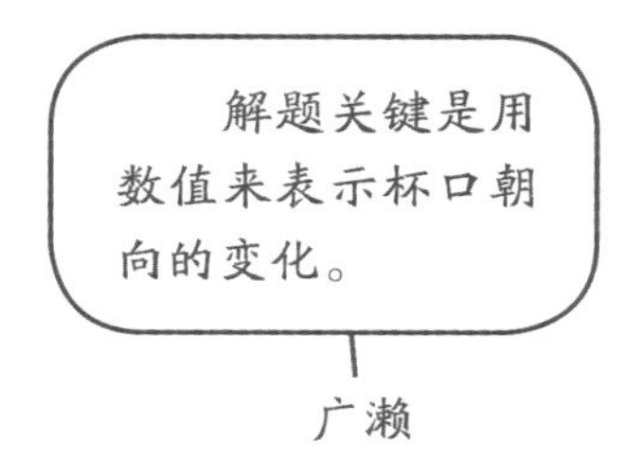

解题关键是用数值来表示杯口朝向的变化。
广濑

答案：**不能**

第 3 章

如果鸽子数量比笼子数量多的话，会发生什么呢？

鸽笼原理

问题9 东京的人口与头发

请证明生活在东京的人中至少有两个人的头发数量是完全一样的。

假设东京的人口约为 1400 万，每个人的头发数量不到 14 万根。

一般

问题 9　解答

思　路

利用“鸽笼原理”解题。

不知道也没关系，
后面马上会进行说明。

准备 14 万个房间，并用数字 0 到 139999 给每个房间编号。

让生活在东京的 1400 万人住进编号与自己头发数量相同的房间里。

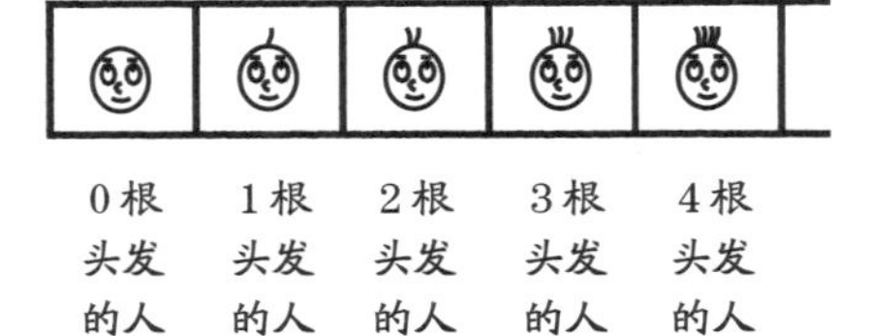

因为每个人的头发数量不会超过 14 万根，所以肯定能找到对应的房间。

当前 14 万人入住时，如果同一个房间里有不止 1 个人，那就说明存在头发数量相同的人。

当前 14 万人入住时，如果所有人都住进了不同的房间，那就说明暂时还没有头发数量相同的人。

但是当第 140001 个人入住房间后，那么就肯定会有一个房间内至少有 2 个人。

综上所述，肯定会有头发数量相同的人。

什么是“鸽笼原理”

将 10 只鸽子放到 9 个鸽笼里，必定会有 1 个鸽笼里至少有 2 只鸽子。

以此类推，这就是“鸽笼原理”：

将 n 个物品放到 m 个箱子里时，如果 $n > m$，那么至少有 1 个箱子里装的物品不少于 2 个。

鸽笼原理
（又称抽屉原理）

有一个 3×3 的九宫格。

在方格里随意填入数字 1、2、3。

（如右边页面的图片所示）

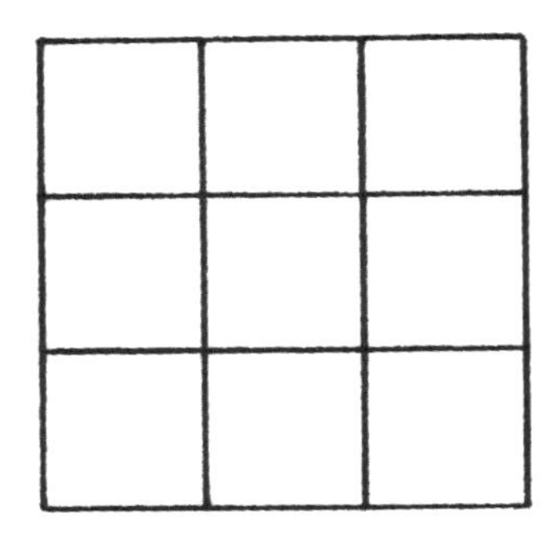

那么，纵向、横向和斜向格子里的 3 个数字之和肯定会有相同的。

这是真的吗？

请自己试着填入数字 1、2、3，

进行验证。

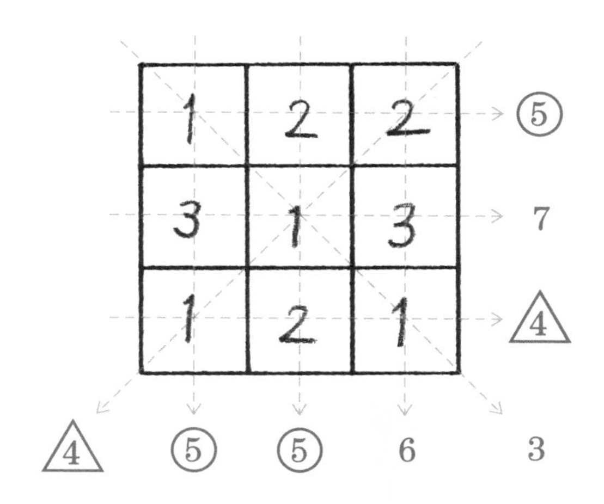

究竟为什么会出现这种情况呢?

思　路

请试着想一想 3 个数字之和会有多少种情况。

尝试列出所有的数字组合：

$$1 + 1 + 1 = 3$$
$$1 + 1 + 2 = 4$$
$$1 + 1 + 3 = 5$$
$$1 + 2 + 2 = 5$$
$$1 + 2 + 3 = 6$$
$$1 + 3 + 3 = 7$$
$$2 + 2 + 2 = 6$$
$$2 + 2 + 3 = 7$$
$$2 + 3 + 3 = 8$$
$$3 + 3 + 3 = 9$$

仔细观察后会发现，数字之和只有从“3”到“9”这 7 种情况。

纵向、横向和斜向总共有8列。

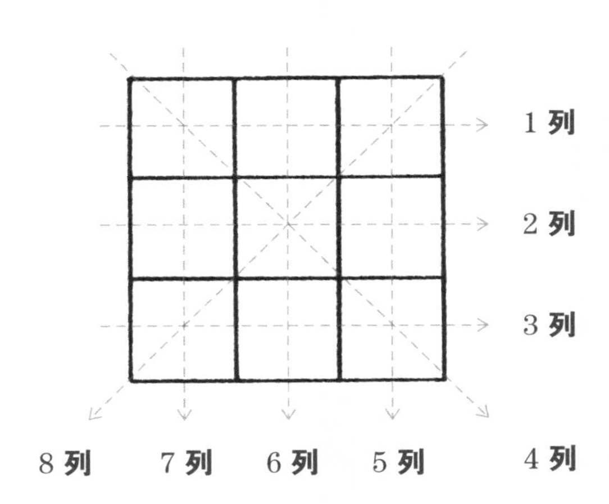

九宫格各个方向的列数之和为8，而3个数字之和的情况总共只有7种。

根据鸽笼原理，至少有两列的数字之和是一样的。

解答这道题目时，将3个数字之和当作“鸽笼”，将格子各个方向的列数当作“鸽子”。

大岛

休息一会儿。

第 4 章

将全世界的数分为奇数和偶数

奇偶性问题

问题 11　7 枚黑白棋的棋子

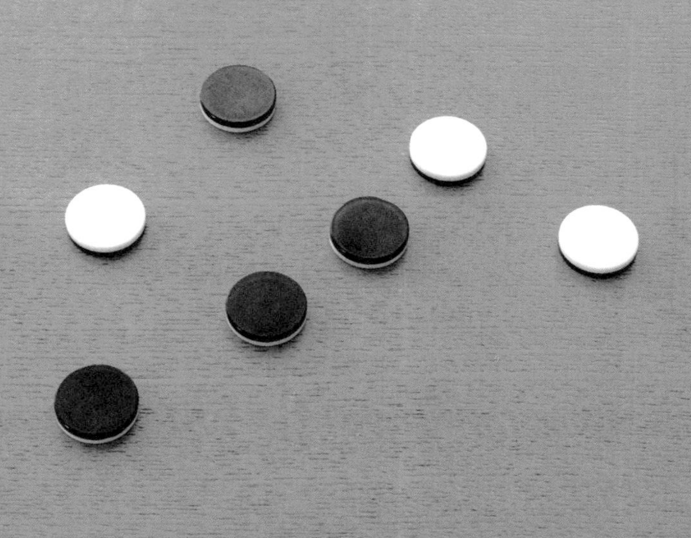

有 7 枚黑白棋的棋子。

其中，3 枚白面朝上，4 枚黑面朝上。

接下来，我（笔者）将翻转 6 次棋子。

每次都是随机选取翻转的棋子，有可能会翻转同一枚棋子。

翻转 6 次之后，棋子变成了下一页图所示的样子。

不过，我故意用手遮住了一枚棋子。

聪明的你肯定知道我遮住的那枚棋子是哪面朝上的，对吧?

请问这枚棋子是白面朝上，还是黑面朝上呢?

思 路

只需注意不同颜色的棋子数量是偶数还是奇数。

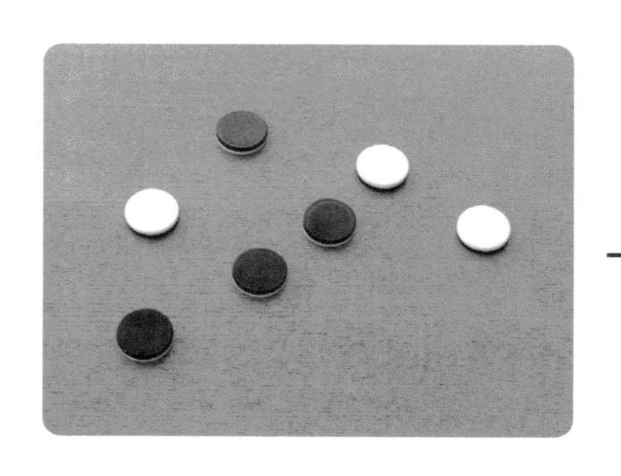

白面朝上 3 枚（奇数）
黑面朝上 4 枚（偶数）

→

白面朝上？枚（？数）
黑面朝上？枚（？数）

翻转了 6 次之后，白棋的数量和黑棋的数量分别是偶数还是奇数呢？

无论翻转白棋子还是翻转黑棋子，每翻转一枚棋子，肯定有一种颜色的棋子数量会增加一枚，另一种颜色的棋子数量会减少一枚。于是，这一种颜色的棋子数量的奇偶性会发生变化（奇数→偶数，偶数→奇数）。

即偶数和奇数会交替出现。

	最初	第 1 次	第 2 次	第 3 次	第 4 次	……
白棋子数量	奇数	偶数	奇数	偶数	奇数	……
黑棋子数量	偶数	奇数	偶数	奇数	偶数	……

翻转 6 次之后，白棋子的数量变成奇数，黑棋子的数量变成偶数。

所以，被遮住的棋子是白面朝上的。

答案：**白色**

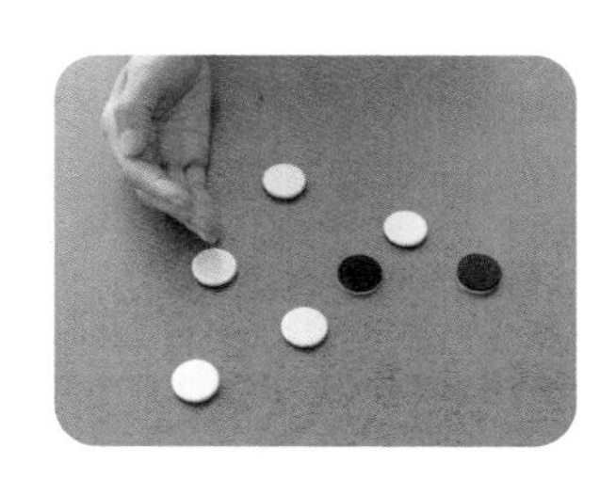

这里需要注意的不是白棋子和黑棋子的数量本身，而是这个数量是偶数还是奇数。

某个整数的“奇偶性”就是指它是偶数还是奇数。

奇偶性

问题 12 取硬币游戏

桌子上摆放着 6 枚硬币。

我们用这些硬币来玩一个游戏。

两个人轮流取走硬币，但有一个规则，每次只能取走最右端或最左端的 1 枚硬币。

两个人按顺序取走硬币，直到所有硬币都被取走为止。

最后，两个人各自计算所取硬币的总金额，金额高的人获胜。

现在，我们开始玩游戏吧。

我先取一枚硬币。

请看下一页。

我取走的是这一枚（50 日元）。

怎么样，是不是有点儿吃惊？

你可能知道了我是有预谋地取走了 50 日元的硬币，心里顿觉不妙。

不过，还是请先继续玩游戏吧。

那么，接下来你会取走 100 日元的硬币还是 5 日元的硬币呢？

肯定是取走 100 日元的硬币呀。

取走 100 日元的硬币

咦，你取走的是 5 日元的硬币吗？

怎么会有人选择 5 日元的硬币？！

那我就……

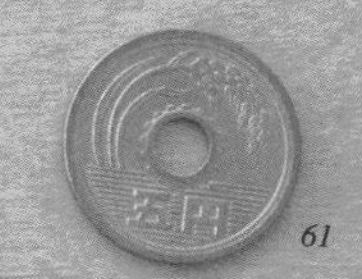

取走 5 日元的硬币

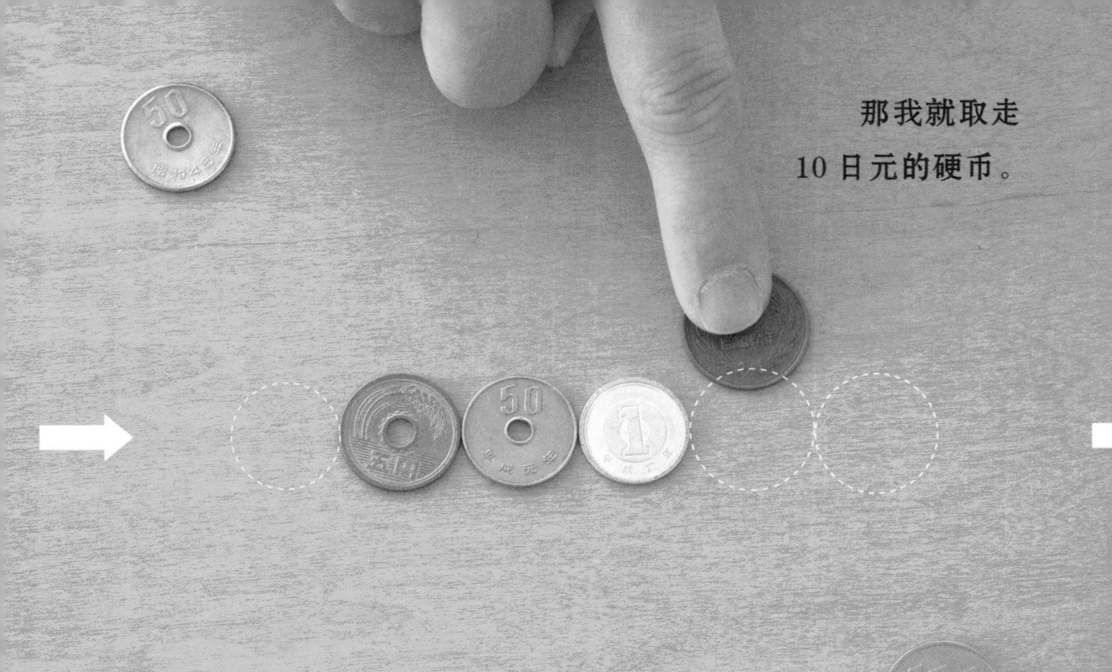

那我就取走
10 日元的硬币。

嘿嘿，取走 50 日元的硬币。

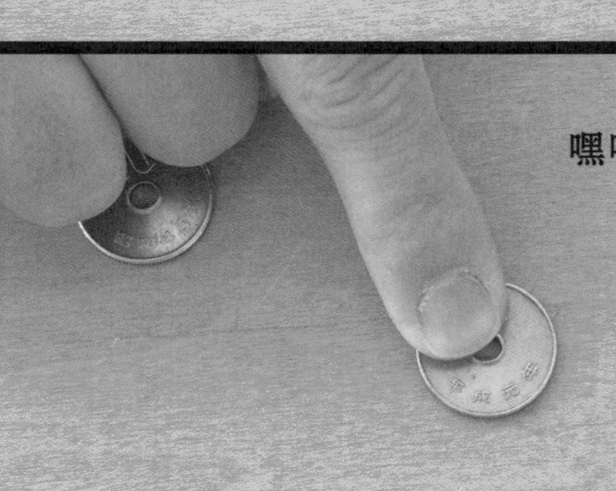

轮到你了。

你是选择 5 日元的硬币还是选择 1 日元的硬币呢？

5 日元

1 日元

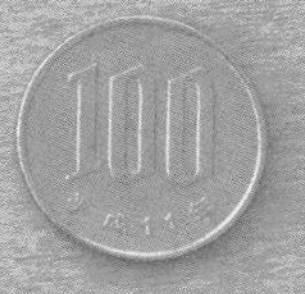

轮到你了。

你是选择 100 日元的硬币还是选择 1 日元的硬币呢？

100日元

1 日元

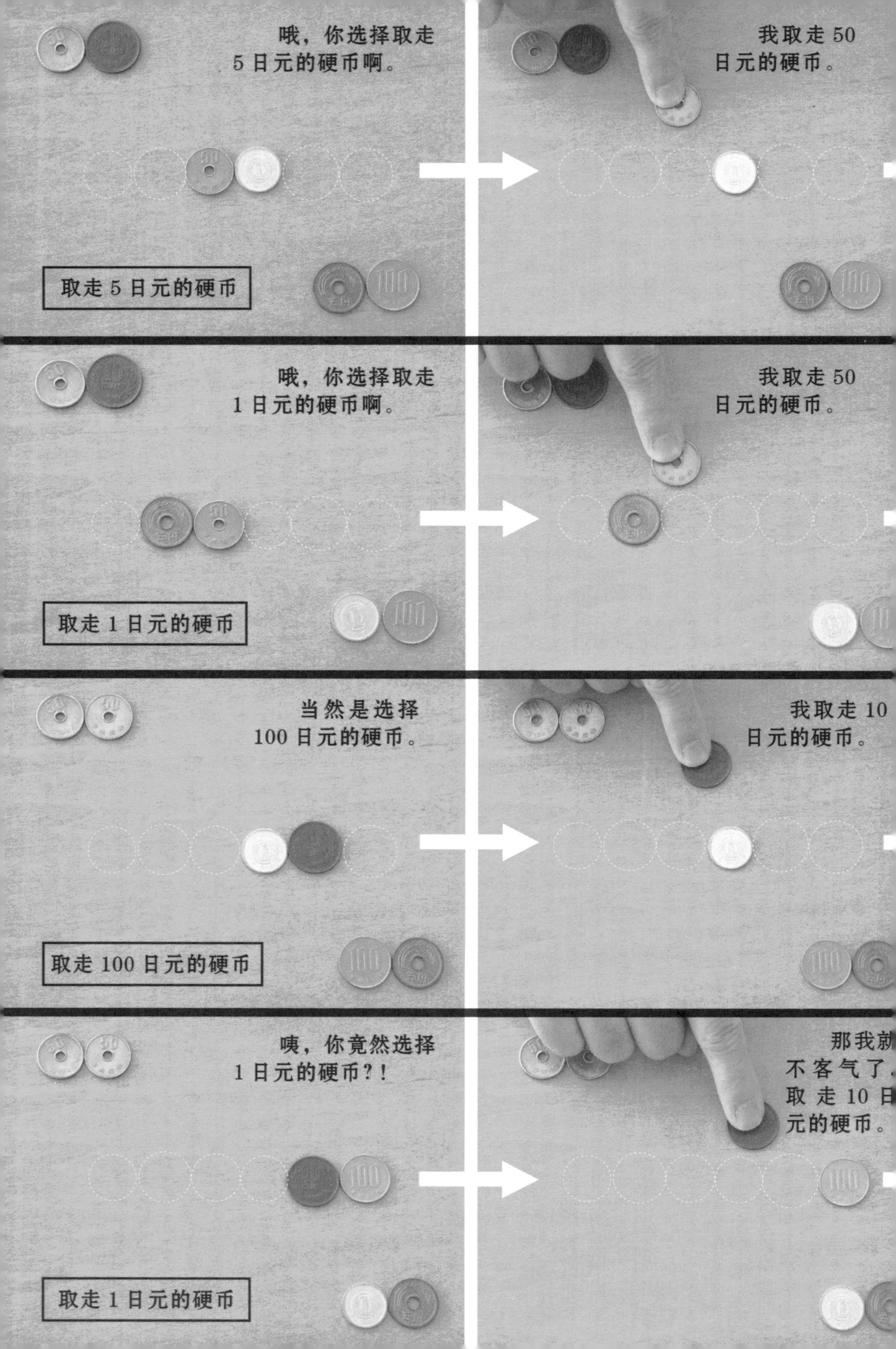

哦，你选择取走
5 日元的硬币啊。
取走 5 日元的硬币
我取走 50
日元的硬币。
哦，你选择取走
1 日元的硬币啊。
取走 1 日元的硬币
我取走 50
日元的硬币。
当然是选择
100 日元的硬币。
取走 100 日元的硬币
我取走 10
日元的硬币。
咦，你竟然选择
1 日元的硬币？！
取走 1 日元的硬币
那我就
不客气了，
取走 10 日
元的硬币。

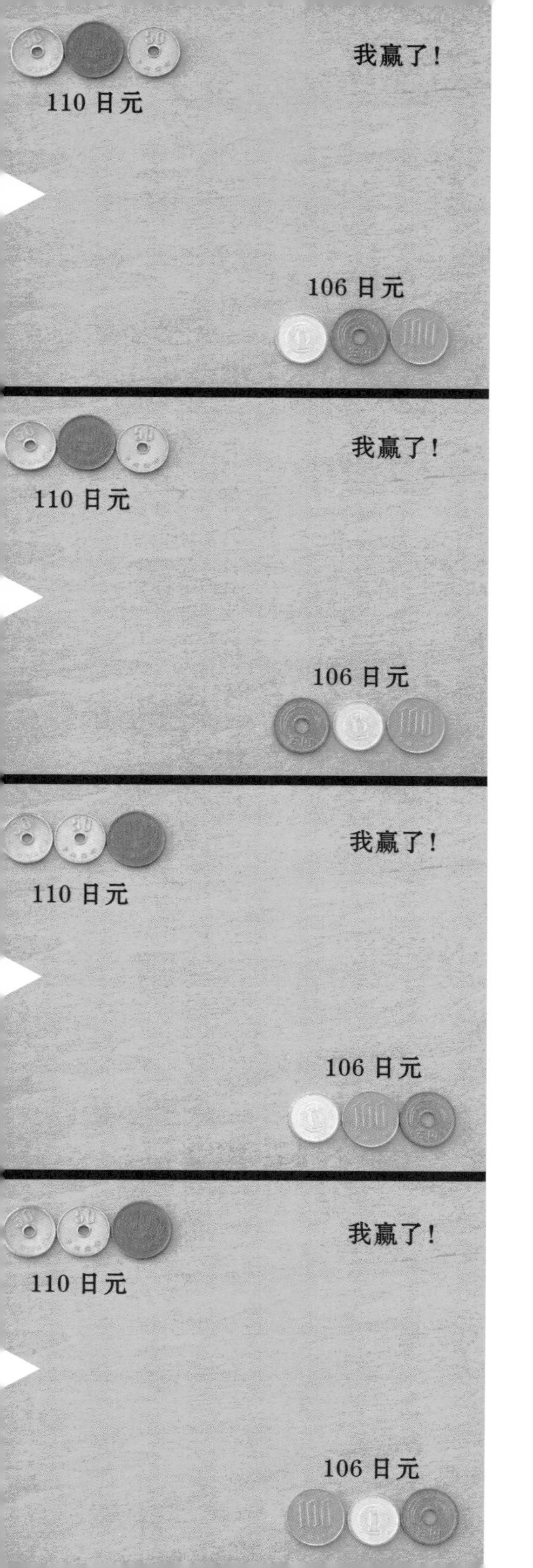

出人意料！

无论是哪种取法，都是我赢了！

而且我的硬币总金额都是 110 日元，你的硬币总金额都是 106 日元。

为什么会这样呢？

一般

思 路

寻找必胜取法背后
隐藏的规律。

我（笔者） 共计 110 日元

你（读者） 共计 106 日元

用○标记我取走的硬币，
用○标记你取走的硬币，
可以看到你我二人取走的硬币交替排列在一起。

其实，我在游戏开始之前，就已经计算好了红圈硬币（从左边起所有奇数位的硬币）的总金额和蓝圈硬币（从左边起所有偶数位的硬币）的总金额。

我发现，只要取走所有红圈硬币，就能赢得比赛。

此时你就
已经输了。

那么，怎样才能取走所有的红圈硬币呢？

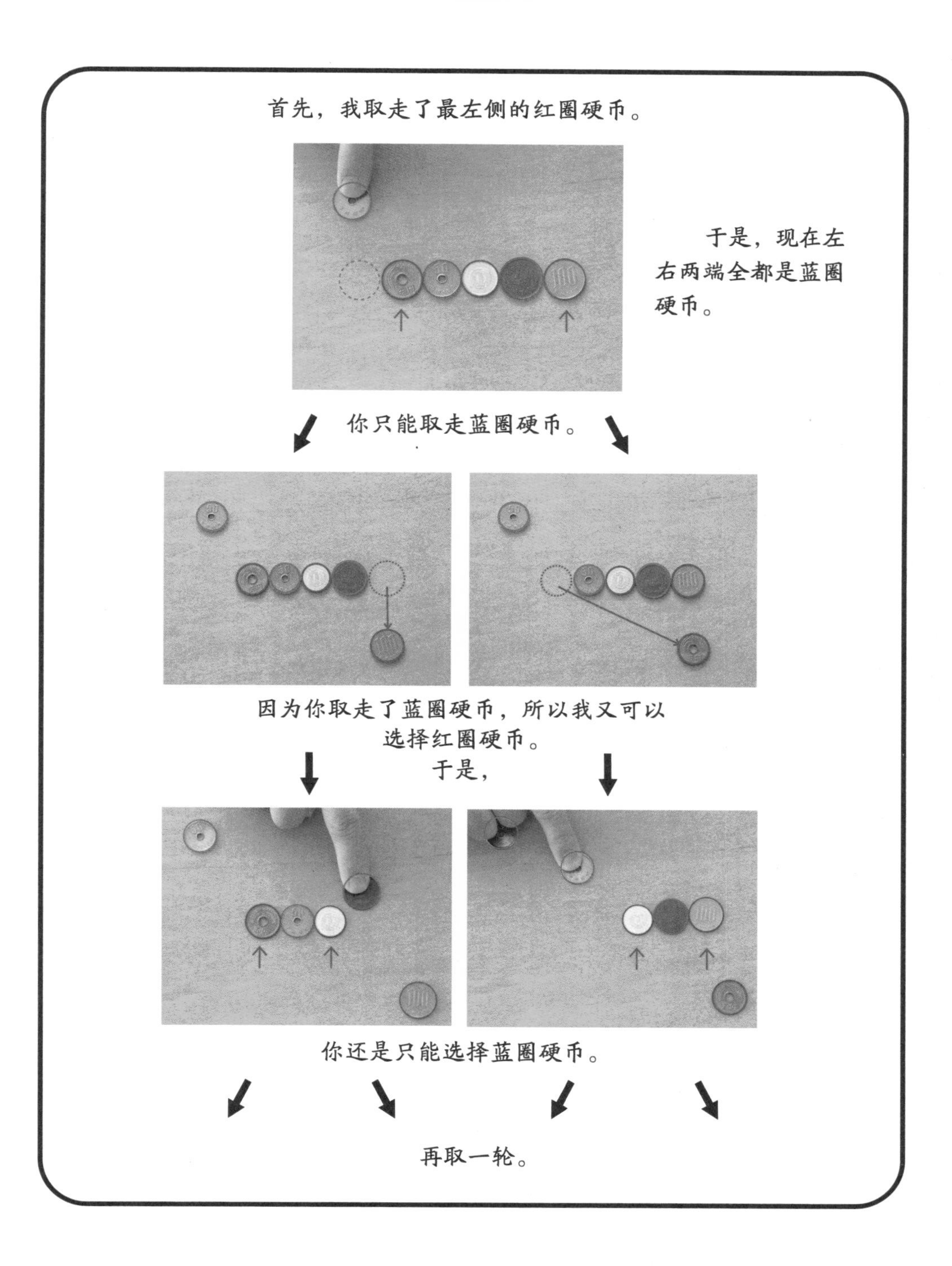

首先，我取走了最左侧的红圈硬币。
于是，现在左右两端全都是蓝圈硬币。
你只能取走蓝圈硬币。
因为你取走了蓝圈硬币，所以我又可以选择红圈硬币。
于是，
你还是只能选择蓝圈硬币。
再取一轮。

最终，在我后面取硬币的你被迫取走了所有的蓝圈硬币，输掉了游戏。

问题 13　骰子的旋转

有一枚骰子。

你可以朝前、后、左、右任意方向转动这枚骰子。

每次转动 90°。

也可以这么转。

一次转 90°。

接着朝自己喜欢的方向再转 90°。

转了四五次后，骰子变成了上面的样子。

对比前后两张图片，可以准确推算出骰子被转了四次还是五次。

你知道这是为什么吗？

1 2 3 4 5
很难

最开始时，可以看到骰子的数字6、数字5和数字3这三个面。

思　路

请注意每次转动 90° 后消失的面和出现的面之间的关系。

试着转一下骰子，你会发现转动前能看到的三个面中，只有一个面被新出现的面替换。

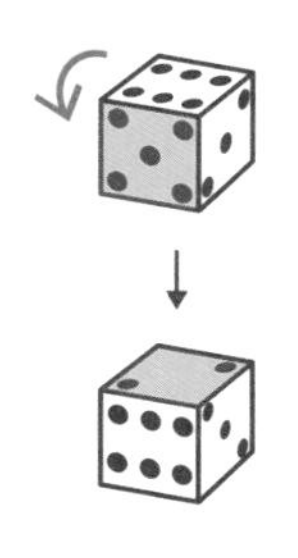

5 消失了，
5 对面的 2 出现了

5 → 2

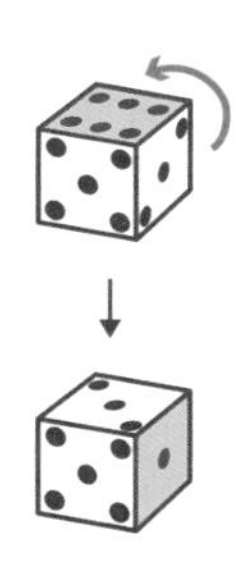

6 消失了，
6 对面的 1 出现了

6 → 1

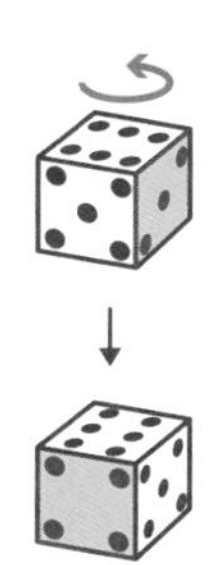

3 消失了，
3 对面的 4 出现了

3 → 4

请记住，骰子相对两面的数字之和是 7。

因为 7 是奇数，所以相对两面的数字必然是奇数和偶数的组合。

如上所述，每次转动 90° 后，消失的面的数字和出现的面的数字之间的关系只有以下两种：

偶数消失，奇数出现
或者
奇数消失，偶数出现

换言之，每次转动 90°，偶数和奇数会交替出现。

同时，可以看见的三个面的数字之和的奇偶性也发生了变化。

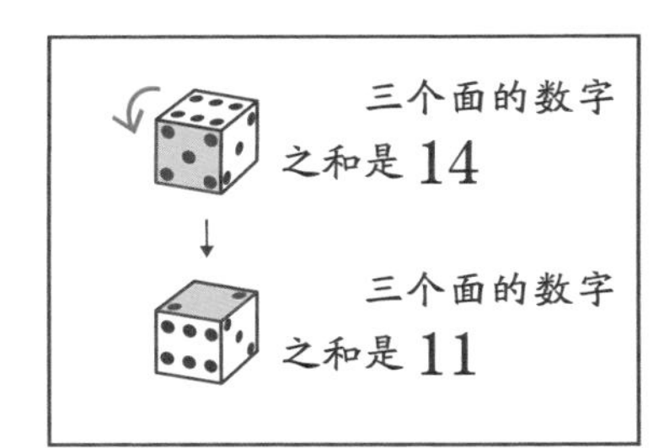

本题中骰子可以看见的三个面数字之和始于偶数，终于偶数。

最初

三个面的数字之和是 14（偶数）

每次转动 90°，转动了
4 次或 5 次之后

最后

三个面的数字之和是 6（偶数）

因此，骰子转动的次数是偶数次，也就是 4 次。

答案：4 次

第 5 章

两点之间，线段最短

三角不等式

问题 14　横滨中华街
问题 15　穿过十字路口

这是横滨中华街的卫星照片。

左边可以看见横滨体育场。

正中间的棋盘状方块就是著名的中华街。

下一页的问题与这条中华街有关。

小陈住在中华街。

他和自幼相识的好朋友山本一起在 P 饭店吃了小笼包。

饭后，山本沿着红色路线回家，小陈沿着蓝色路线回家。

假设山本和小陈的步行速度相同，那么谁先到家呢？

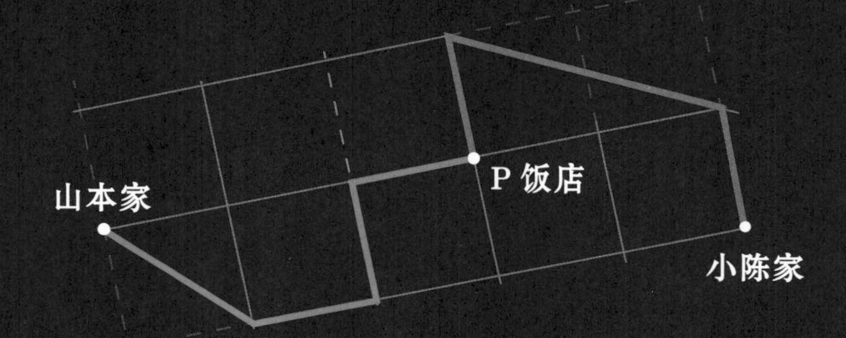

将山本家和小陈家周边的区域绘制为如图所示的正方形网格。

思　路

问题不断简化后，
其核心就会出现。

山本家
小陈家

首先，将两人回家路线中长度相等的正方形边去掉。

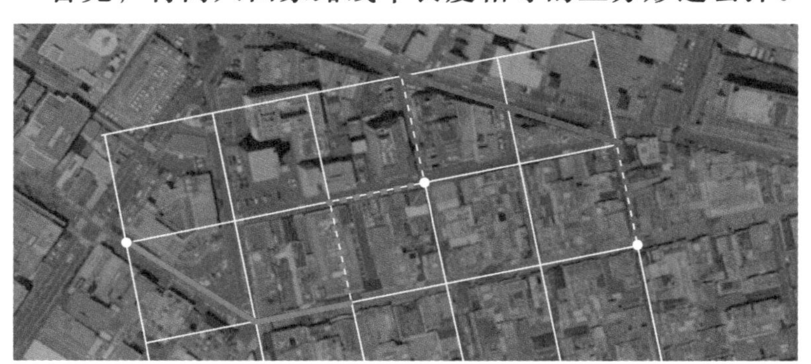

然后，比较剩余直线的长度。

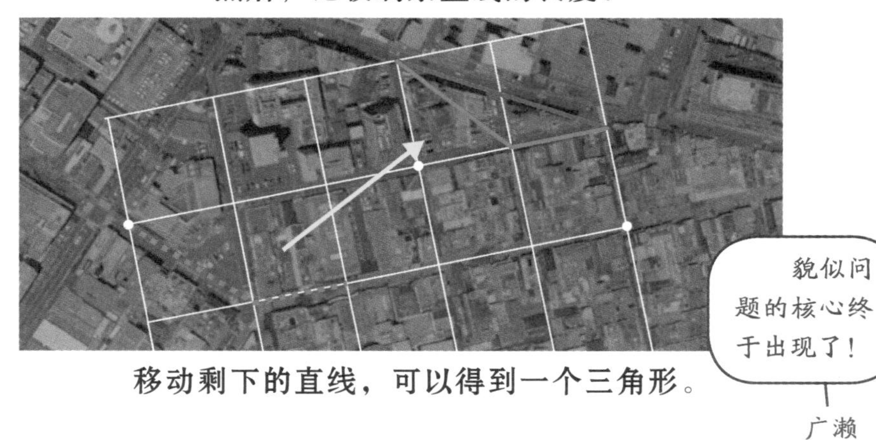
貌似问题的核心终于出现了！
广濑

移动剩下的直线，可以得到一个三角形。

两点之间，线段最短。
在最后得到的三角形中，
蓝线比红虚线短。

换言之，小陈回家的蓝色路线更短。

答案：小陈先到家

我们知道，“两点之间，线段最短”。本题其实还可以用“三角不等式”原理解释。“三角不等式”原理指的是“三角形两边之和大于第三边”。

三角不等式

问题 15　穿过十字路口

如果要穿过某个十字路口，从后方的三角路锥 A 走到前方的三角路锥 B，

最短的路线是哪条？

注意，横穿车道时，只能沿垂直车道的方向走。

容易

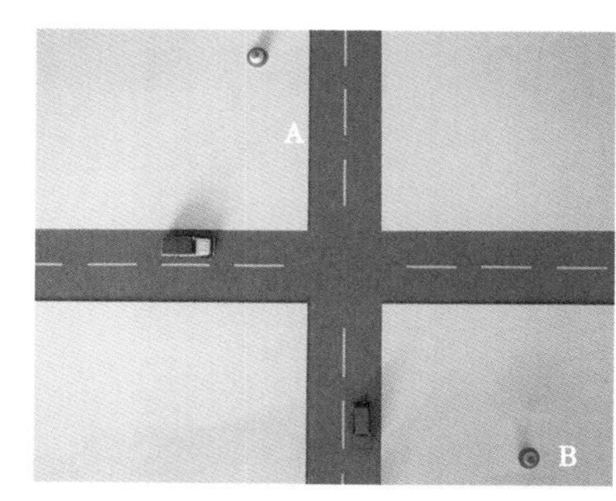

请参照俯瞰图来思考问题。

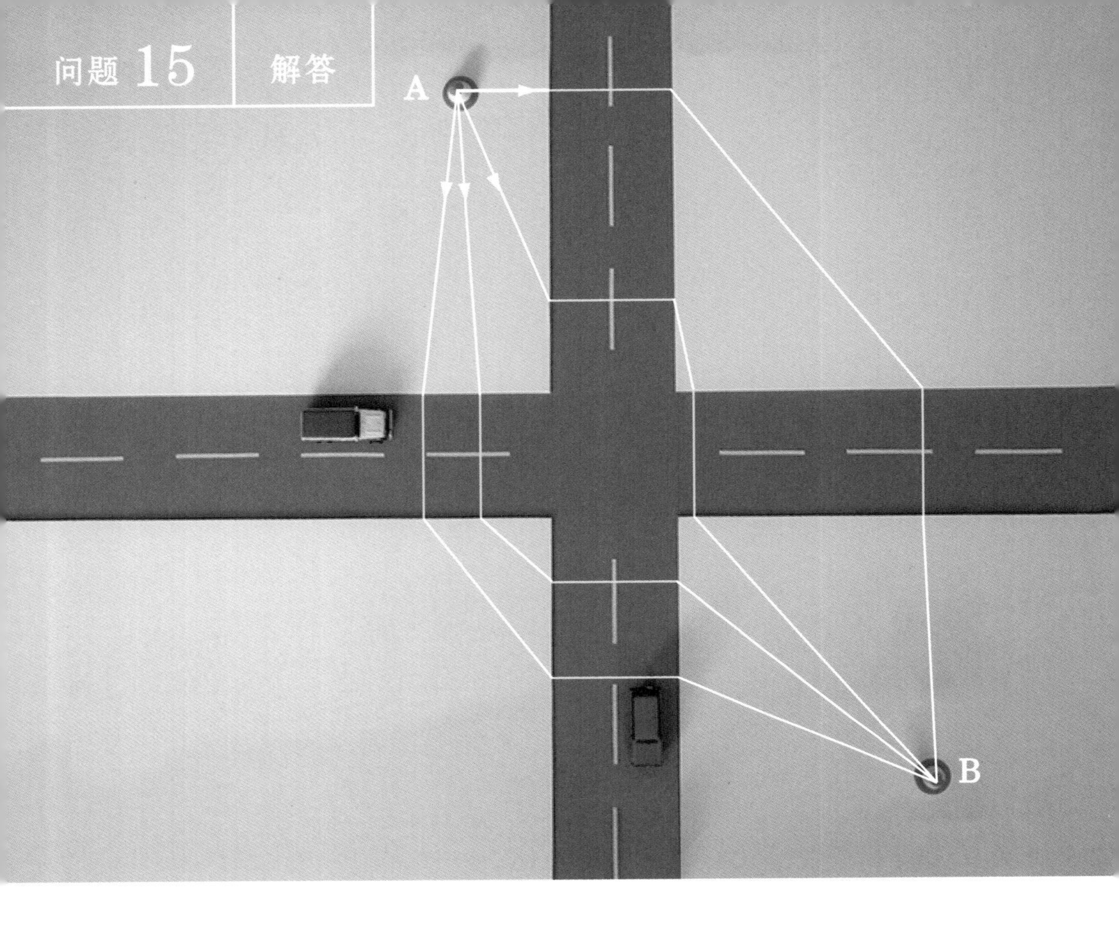

思　路

思考时先忽略车道。

无论走哪条路线，从 A 走到 B 都必须路过 1 次纵向车道、1 次横向车道。

另外，无论从哪里出发穿过马路，走过的距离都是一样的。

既然都一样，那思考时就干脆先忽略车道。

忽略车道！
数学真自由。

——佐藤

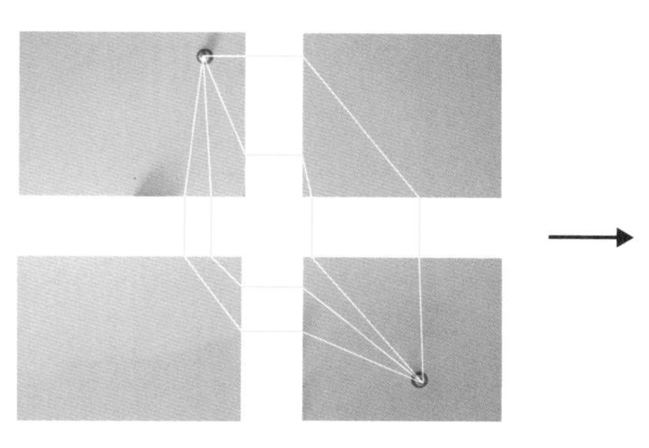

将被车道分开的四块区域拼在一起。

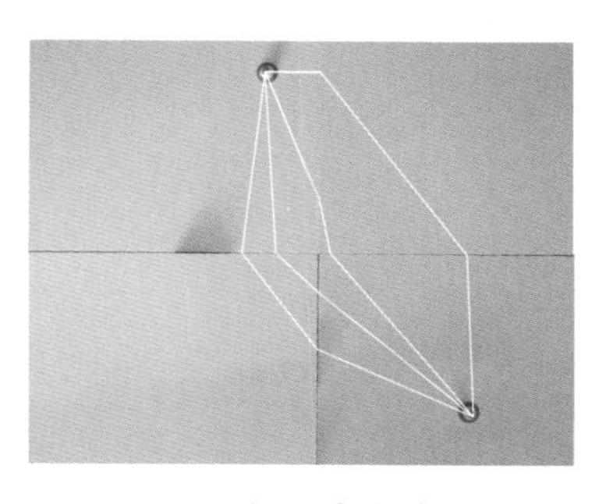

四块区域变成了一个整体。

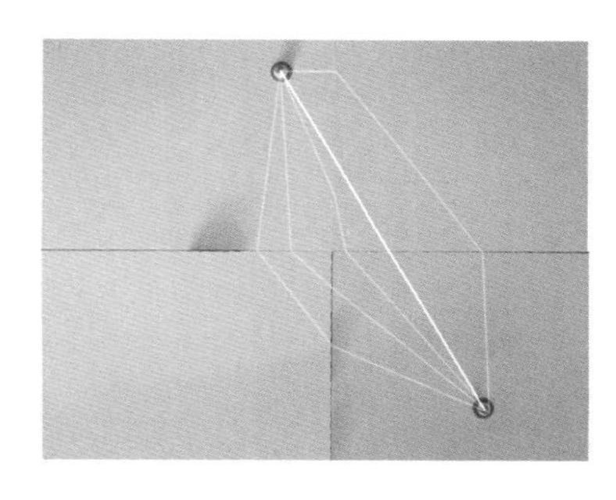

同一平面上，两点之间线段最短。

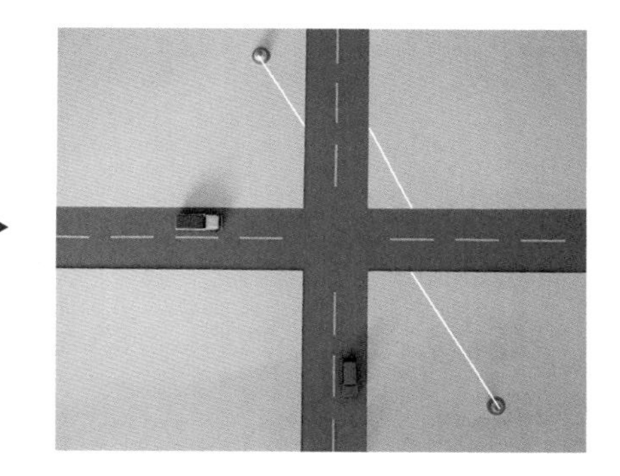

恢复车道，直线路线被分成3段。

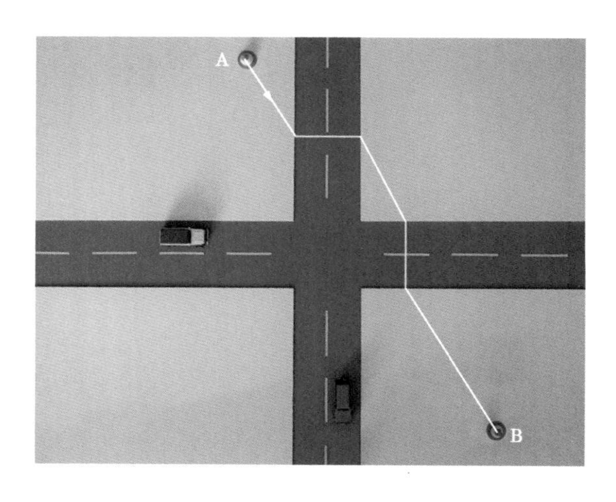

加上横穿车道的路线，就能得到最短的路线。

休息一下！

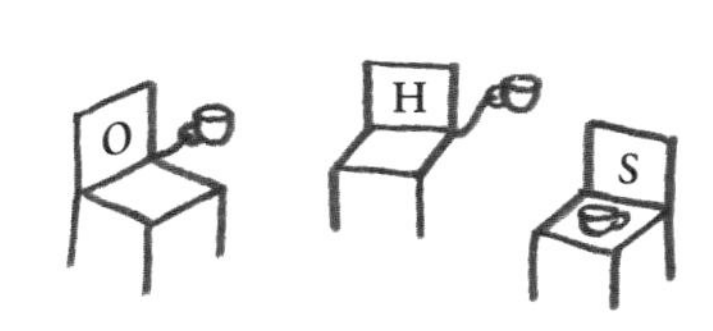

第 6 章

多重条件找答案

条件的组合

问题 16　蛋糕和方牌

长方体巧克力蛋糕上有一块长方形的白色方牌。

如果只能从正上方切一刀，那怎么切可以将蛋糕和方牌同时平均切成 2 份呢?

注意，方牌不在蛋糕正中间。

1 2 3 4 5
容易

问题 16 解答

像这样沿着连接蛋糕中心
和方牌中心的直线切。

思　路

组合多个条件，就可以找到答案。

因为长方形是中心对称图形，所以只要是穿过长方形中心的直线，就能平分长方形。本题中蛋糕和方牌都是长方形。

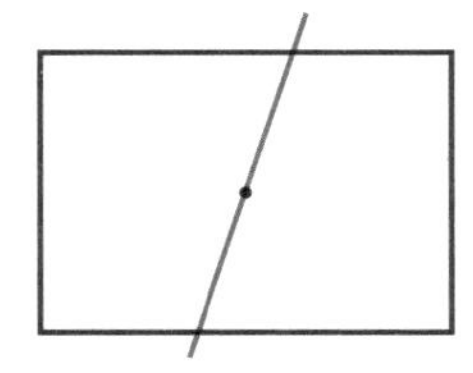

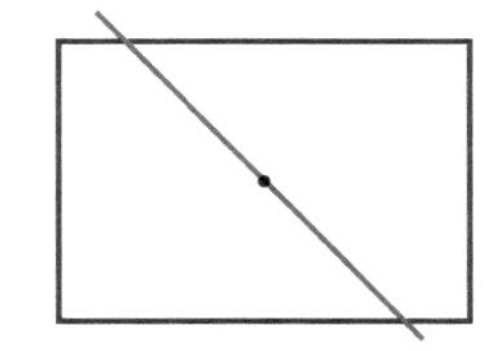

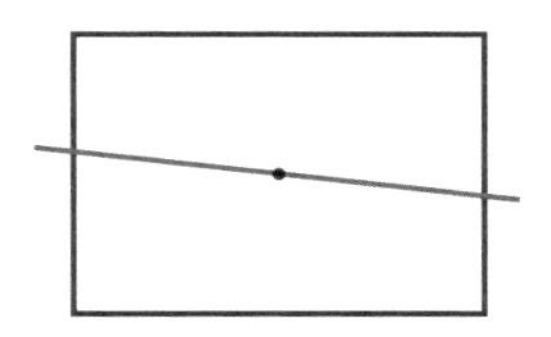

有无数条直线可以平分一个长方形。

想要同时平分蛋糕和方牌，就需要找到能同时穿过蛋糕中心和方牌中心的直线。

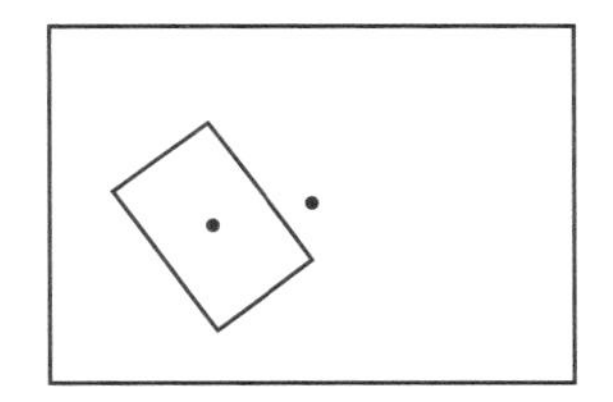

换言之，只有连接蛋糕中心和方牌中心的直线，才可以同时平分蛋糕和方牌。

乍一看，好像有点儿难，但有趣的是，多重条件反倒提示了答题思路。那么下一道题该怎么办呢？

佐藤

问题 17　巧用道具画图形

用剪刀、绳子、铅笔和胶带画圆。

例如，像下图这样，使用剪刀、绳子、铅笔和胶带，就能画出一个圆。

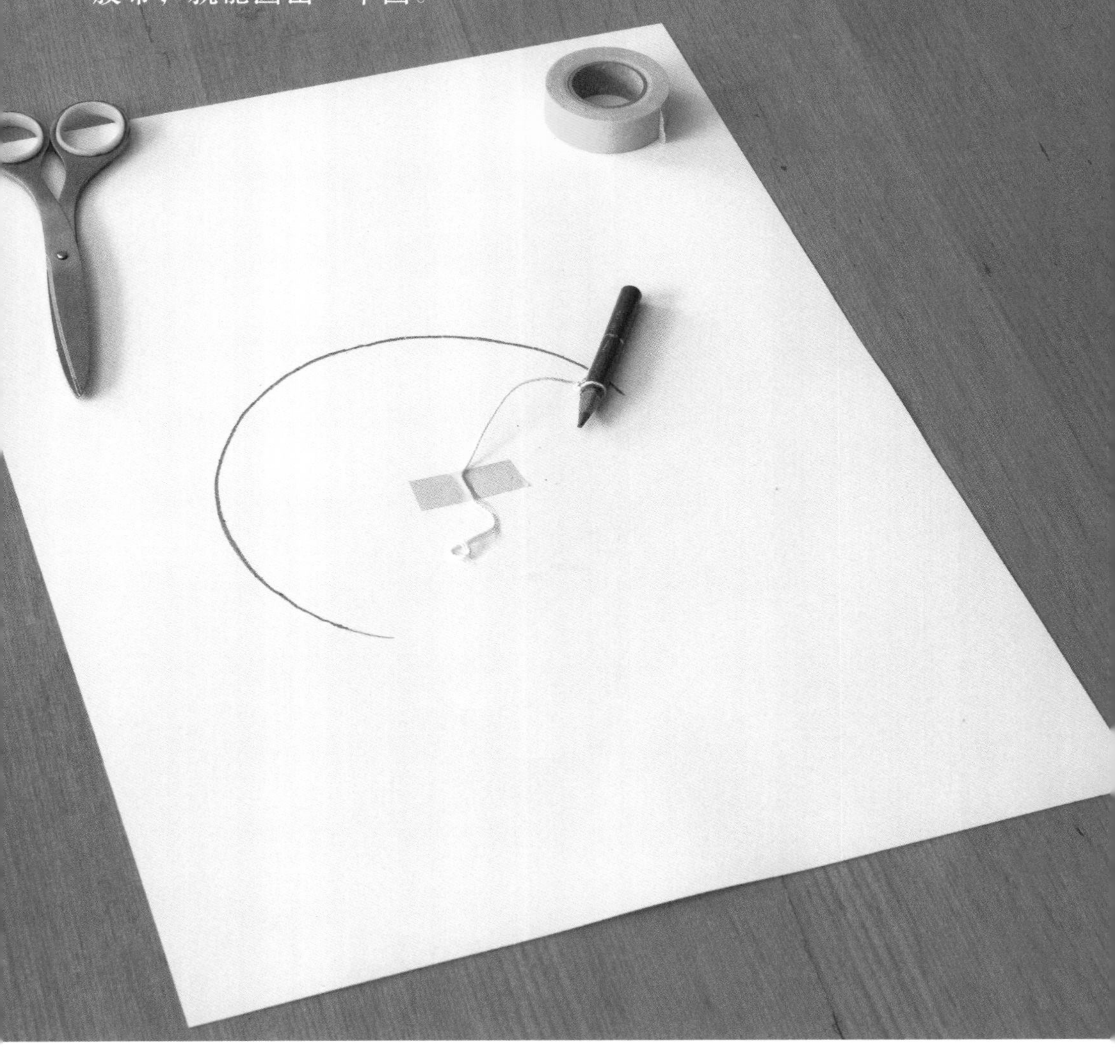

那么，问题是……

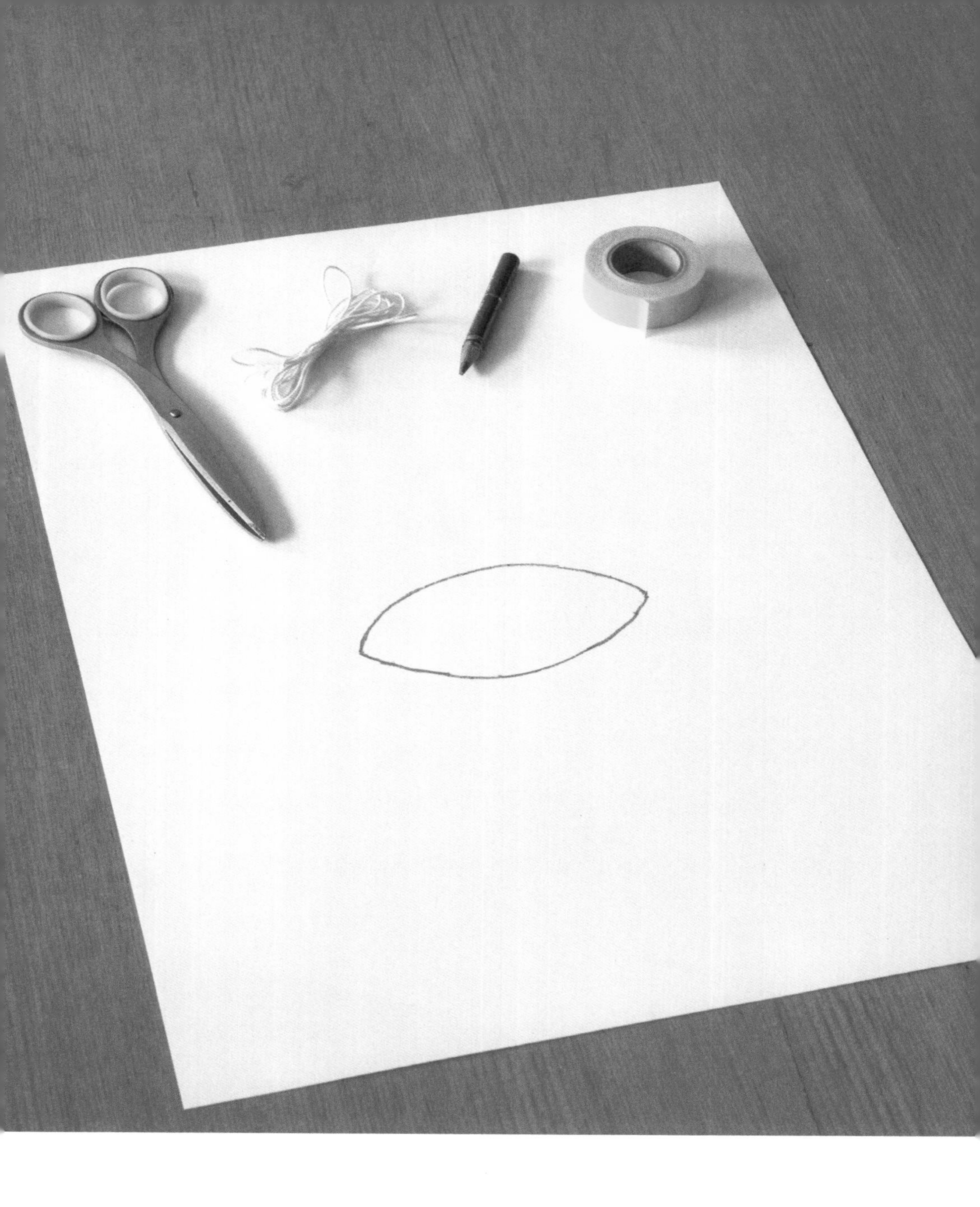

那么，请问，应该如何使用剪刀、绳子、铅笔和胶带，才能一笔画出左边的图形呢？

此图的上半部分和下半部分皆是一个圆的一部分。

1 2 3 4 5
较难

问题 17 解答

这样就能画出来。

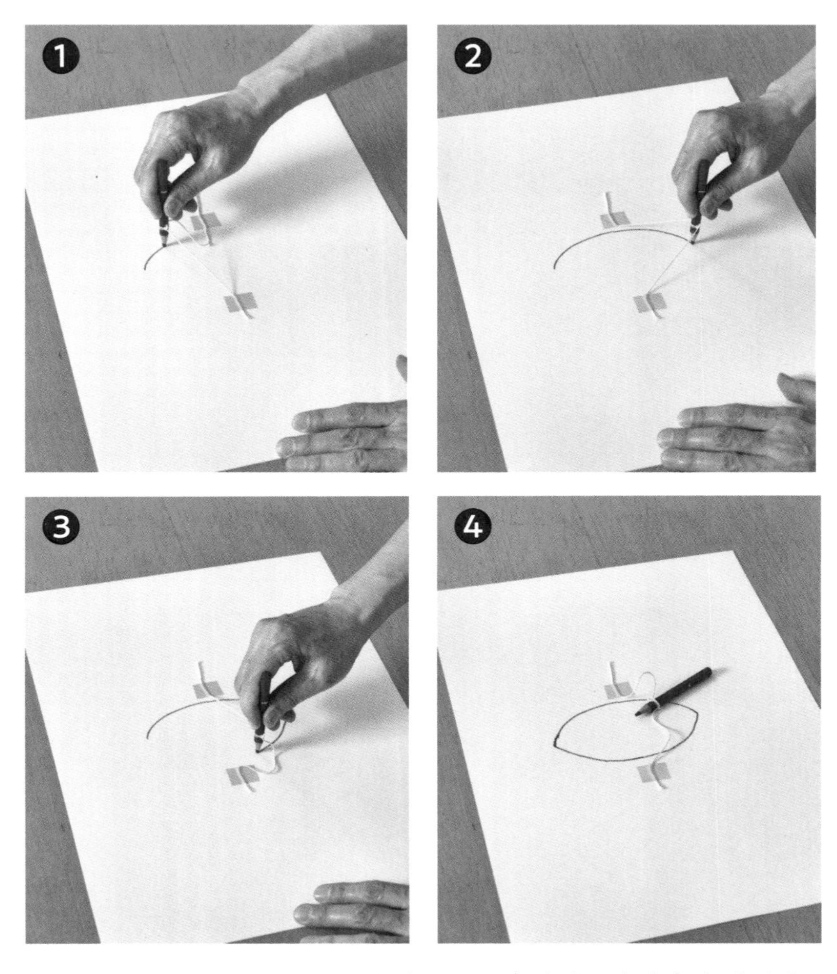

下方的绳子用来辅助画上半部分的弧线。
上方的绳子用来辅助画下半部分的弧线。

思　路

组合多个条件，就可以找到答案。

正在讨论难题……

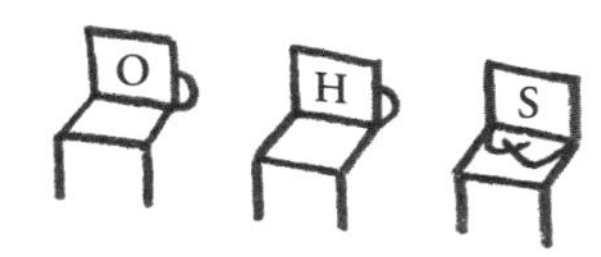

第 7 章

难以比较的事物，如何比较？

比较的问题

问题 18　宽永通宝

问题 19　31^{11} 和 17^{14}

问题 18 | 宽永通宝

如图所示，用红色和蓝色将宽永通宝划分成不同的区域。
请问，哪种颜色所占区域的面积更大?

另外，默认中间的洞孔为正方形。

问题 18 解答

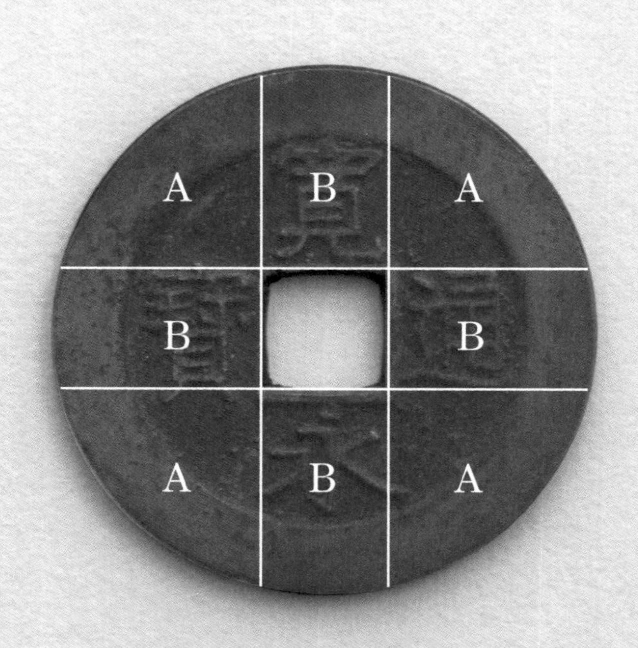

思路

把难以比较的事物
转化成可以比较的形式。

按照图片所示，将宽永通宝上的区域重新划分，

红色区域有两块 A 区和两块 B 区。
蓝色区域有两块 A 区和两块 B 区。

也就是说，红色区域和蓝色区域的面积是一样大的。

问题 19

$$31^{11} \qquad 17^{14}$$

这两个数哪个更大?

1 2 3 4 5
很难

活学活用

把难以比较的事物
转化成可以比较的形式。

即便如此，本题难度还是非常高的。

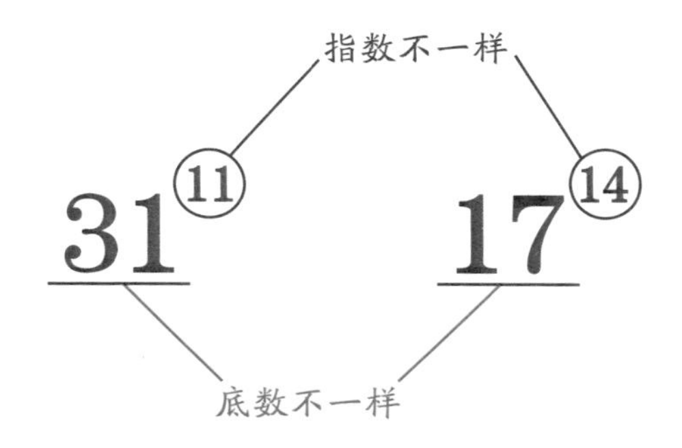

从表面上看，这两个数即使想比较也无从下手。

只要有一项是一样的，就能比较了……

假设要把它们的底数变成一样的，应该怎么做呢？

仔细观察 31 与 17……

接下来需要跳跃性思维，请大家开动脑筋。

31 和 17 都与可以用 2^n 表示的数（32 和 16）接近，你发现了吗？

因此，

$$31 = 32-1 = 2^5-1 < 2^5$$

$$17 = 16+1 = 2^4+1 > 2^4$$

也就是说，

$$31^{11} < (2^5)^{11} = 2^{55}$$

$$17^{14} > (2^4)^{14} = 2^{56}$$

底数就变成一样的数了。

于是，

$$31^{11} < 2^{55} < 2^{56} < 17^{14}$$

于是，这两个数就变得可以比较了。

答案：17^{14}

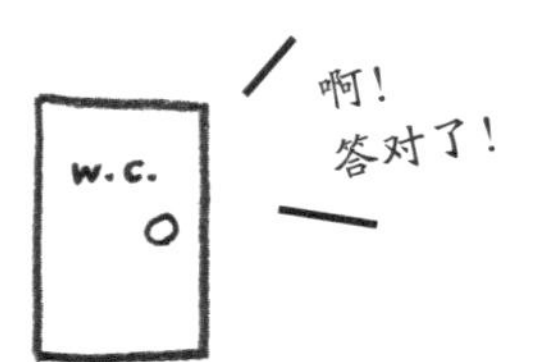
W.C.
啊！
答对了！

O
H

第 8 章

理论化的多米诺骨牌

数学归纳法

问题 20

两个好胜的人

有两位很会玩益智游戏的少年：
一位叫汤川，另一位叫朝永。

有一天，两人正在兴致勃勃地玩汉诺塔游戏。
汉诺塔游戏会用到许多大小不一样的圆盘。
最初，所有的圆盘都放在左边的柱子上。
游戏玩家要将圆盘一个一个地移动到右边的柱子上。

圆盘的移动规则

- 小圆盘上面不能放大圆盘。
- 圆盘不能放在三根柱子以外的地方。

现在有 12 个圆盘，两位少年要比赛谁先将圆盘全部移动到右边的柱子上。

过了一会儿，汤川得意地说：“啊，我知道了！”

他似乎已经找到了移动 12 个圆盘的办法。

朝永听完汤川的回答后，马上不服输地说：“如果是这样，那即使再加一个圆盘，变成 13 个圆盘，我也一定能成功地将所有圆盘移过去。”

那么，他是怎么做到的呢？

1 2 3 4 5

一般

问题 20 | 朝永的思路

两人往柱子上增加了一个圆盘，现在有 13 个圆盘了。

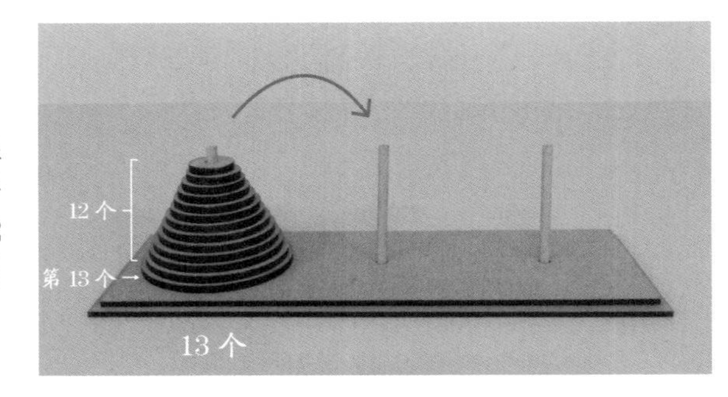

朝永

依照你的操作顺序，可以将左边柱子上的 12 个圆盘全都移到中间的柱子上。

汤川

是的，但届时最大的圆盘还在左边柱子上。

动动你的小脑筋，想一想汤川是怎么移动 12 个圆盘的。

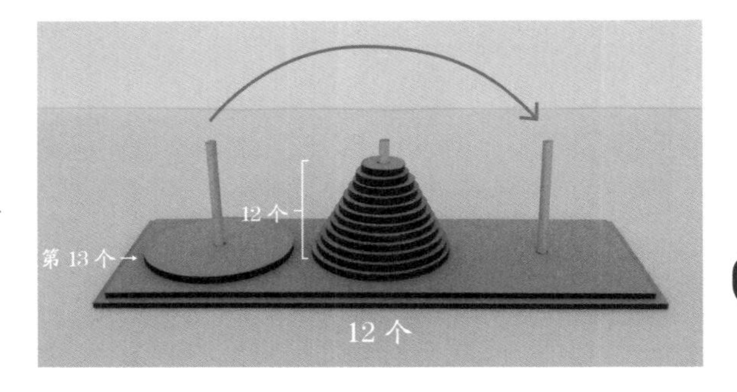

朝永

接着把最大的那个圆盘移到最右边的柱子上。

汤川

然后呢？

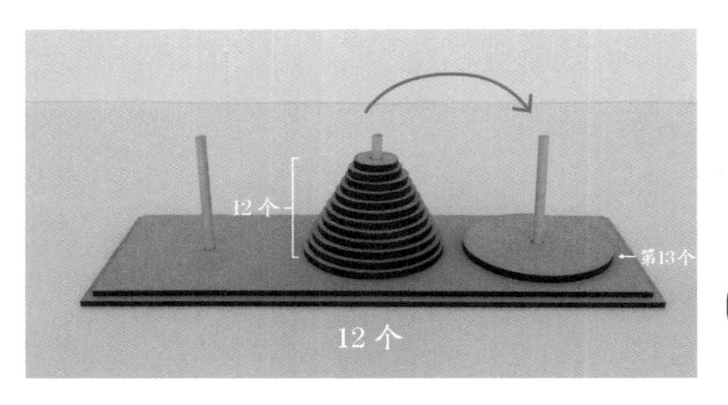

朝永

最后，再依照你的操作顺序，把中间柱子上的 12 个圆盘移动到右边的柱子上。

汤川

原来如此！

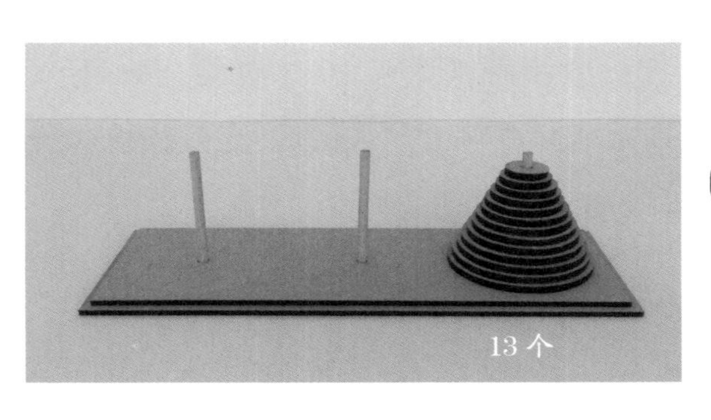

朝永

只要依照我的思路，哪怕有 14 个圆盘也可以移过去。

汤川

那是不是无论有多少个圆盘都可以移过去啊？

汤川和朝永成功移动 12 个圆盘所获得的启示：

如果可以成功移动 k 个圆盘，
那么就可以成功移动 $k+1$ 个圆盘。
以此类推，
无论有多少个圆盘，都可以成功移动。

这个推理方法被称为“数学归纳法”。

数学归纳法

本书中你最推荐的问题
是哪一个？

第 9 章

解题的快乐

结课

问题 21　约翰和玛丽比身高

一家 IT 公司的全体员工排队等着拍纪念照。

从每个纵列中选出该纵列中个子最高的人。
再从所有选出来的人中，选出个子最矮的人。
这个人叫约翰·史密斯。

接着，从每个横排中选出该横排中个子最矮的人。
再从所有选出来的人中，选出个子最高的人。
这个人叫玛丽·布朗。

请问，约翰与玛丽，谁更高呢？

超难

特别提示

如果两个事物不能直接比较，
那就找一个能同时与二者相比较的中介事物。
谁既能与约翰比身高，又能与玛丽比身高呢？

约翰在蓝色纵列，玛丽在红色横排。
蓝色纵列与红色横排交叉处站着一个人。

假设这个人叫爱里克斯。请注意爱里克斯……

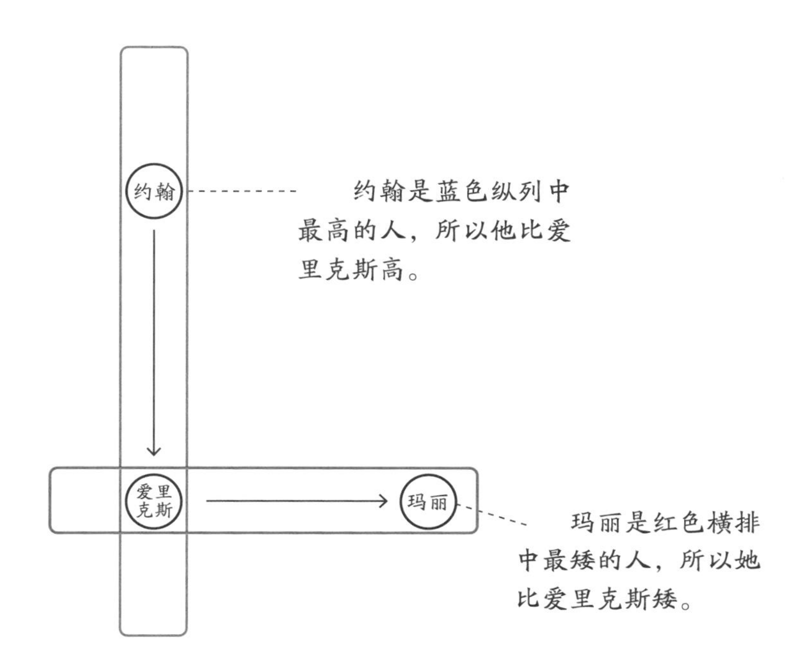

约翰
约翰是蓝色纵列中最高的人，所以他比爱里克斯高。
爱里克斯
玛丽
玛丽是红色横排中最矮的人，所以她比爱里克斯矮。

因此，三个人的身高排序是：

约翰 > 爱里克斯 > 玛丽

所以，个子更高的是约翰。

答案：**约翰**

思　路

把难以比较的事物
转化成可以比较的形式。

问题 22 地砖的角

人行道上铺满了正方形的地砖。

任意选择 5 个地砖的角，用直线把它们连起来。

请证明，必然会有一条连接线穿过某块地砖的角。

很难

思　路

用数字表示地砖的角。

数值化可以让问题具象化，帮助我们找到问题的核心。

如下一页所示图片，在人行道上画一个坐标系。

地砖的角全部以（整数，整数）的形式标记成坐标点。

按照奇偶性把地砖角的坐标进行分类，得到下面四种类型：

例如，下一页图的 5 个地砖角的坐标可以这样分类。

①（偶数，偶数）	（4，2）
②（偶数，奇数）	（0，5）
③（奇数，奇数）	（1，1），（5，3）
④（奇数，偶数）	（5，4）

题目要求选择 5 个地砖的角，但坐标类型只有四种，根据鸽笼原理，至少有两个角的坐标类型是一样的。

那么，如果有两个角的坐标类型是一样的，会发生什么呢？

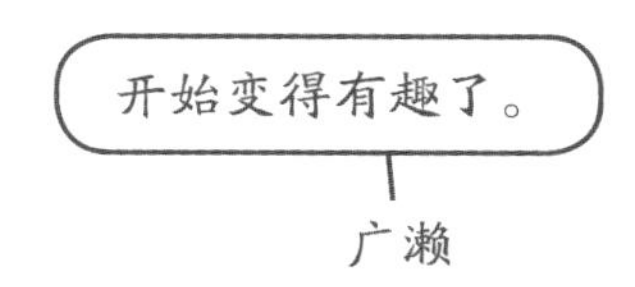

分别用（a，b）和（c，d）来表示两个坐标类型一致的角的坐标。

那么，连接它们的线段的中点的坐标就是（$\frac{a+c}{2}$，$\frac{b+d}{2}$）。

由于它们同属于一个坐标类型，显然，a 和 c 的奇偶性一致，b 和 d 的奇偶性一致，于是 $a+c$ 和 $b+d$ 都将得到偶数。

因为偶数可以被 2 整除，所以连接两个角的线段的中点坐标是（整数，整数）。

也就是说，中点肯定是某块地砖的角。

解答本题需要运用鸽笼原理和奇偶性。

附　赠

第　10　章

本书是从这个问题开始的

最开始的问题

问题 23　瓷砖的角度

问题 23　瓷砖的角度

$y°$
$x°$与$y°$的和是多少度?

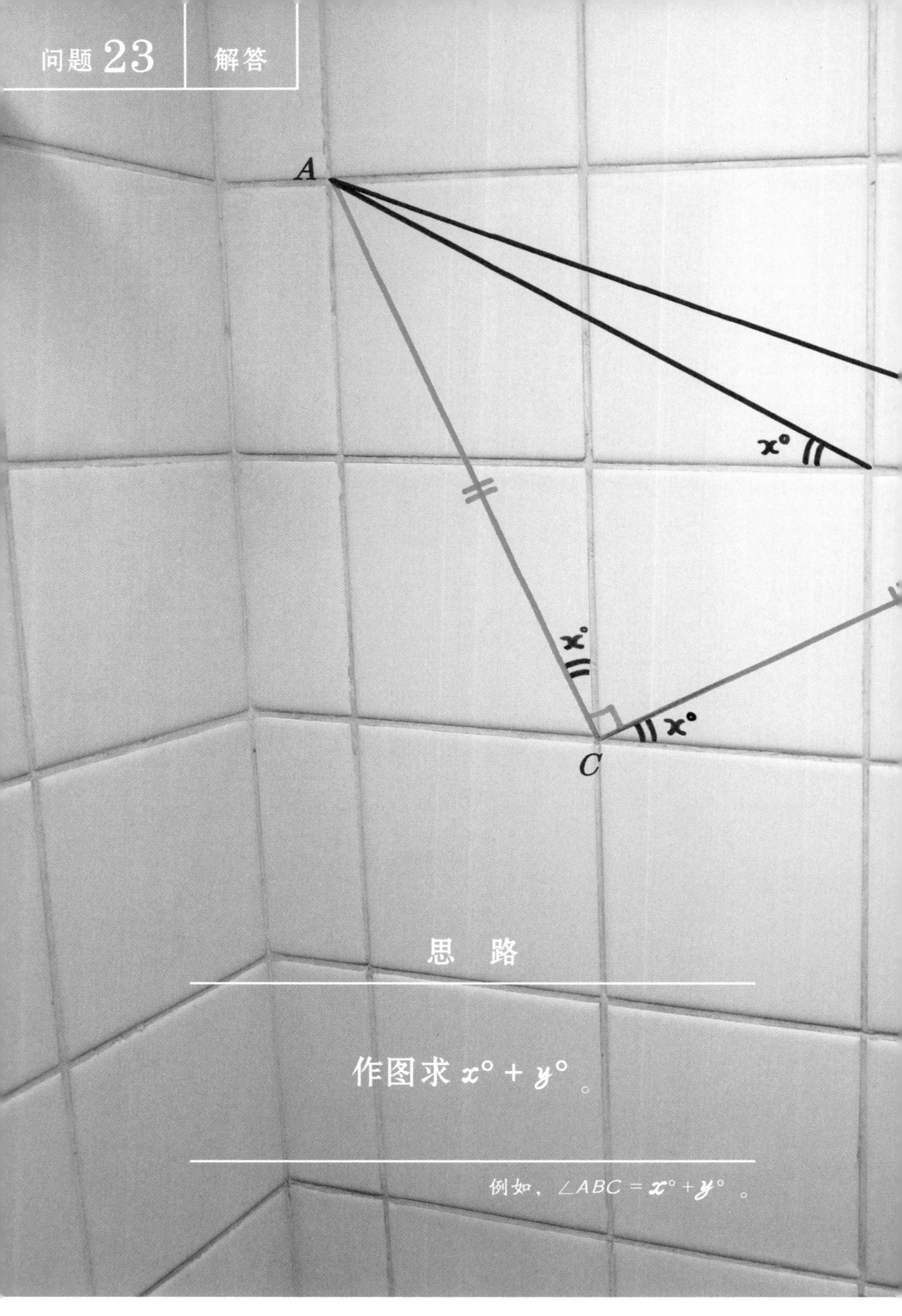
问题 23
解答
A
C
x°
x°
x°
思 路
作图求 x° + y°。
例如，∠ABC = x° + y°。

作辅助线 AC、BC，

在△ ABC 中，$\begin{cases} AC=BC, \\ \angle C=90^\circ, \end{cases}$

$\therefore$ △ABC 是等腰直角三角形。

$\therefore \angle ABC=45^\circ$。

所以，$x^\circ + y^\circ = 45^\circ$。

本书是这样诞生的

——代结语

在此，附上三位作者各自对于本书诞生的来龙去脉的所思所想，以此作为本书的结语。首先请允许我简单地介绍一下三位作者的情况。（佐藤雅彦）

2008年，位于庆应义塾大学湘南藤泽校区的佐藤雅彦研究室停止了所有活动。2009年，我与研究室最后一批学生中的几位合作成立了数学研究会。起初，这个研究会没有什么明确的研究目标，只是单纯地寻找并解答一些有趣的数学问题。每隔一周的周六，大家会聚在我的事务所，一起在数学世界的海洋中尽情遨游。这种活动形式一直持续到了2015年。被选定为教科书的《数学广场》（*Mathematical Circles Russian Experience*）是一本非常不错的书，在阅读过程中，我深受鼓舞。虽然数学研究会的活动很充实，但因为没有明确的研究目标，内心深处总有一种失落感。但是，2015年4月的一个偶然发现，让我们研究会从此以后有了自己的研究目标。

焦虑的周六

佐藤雅彦

2015年4月的一个周六早上，我格外焦虑。因为这天下午1点，我要参加一个研究会的活动，我却完全没有做好准备。那个研究会是从我任职的庆应义塾大学佐藤研究室衍生出来的，专门讨论数学问题。这个研究会从2009年开始，基本上每隔一周，原佐藤研究会里喜欢数学的学生们就会聚集到我在的事务所里举行一次活动。

我为什么在这个周六的早上感到焦虑呢？原因是我没有做作业。这让我觉得很羞愧。本来到了我这个年纪，应该不会有什么作业了，但是在数学研究会里，人人平等，大家都要做作业。不过，虽说是作业，却并不是“做数学题”，而是“出数学题”。

说句心里话，我那天其实也动机不纯，总想着要出一个能让大家大吃一惊的题目。一看时间，再过 4 个小时，大家就要到了。我越来越焦虑。彼时的我，每次都是临时抱佛脚，一直要拖到研究会开会前才做作业。周六早晨本该是从一周的工作中解脱出来的放松时间，我却被套上了“数学研究会”这个魔咒。

我开始翻看手边的数学题集，希望能找到一点儿灵感，抓住一根“救命稻草”。幸运的是，在“稻草丛”中，我果然发现了一道从几何角度提问的典型数学问题，尽管这道题里似乎没有包含什么值得一提的数学概念。

数学研究会的成员普遍都很重视数学思维，每次题目里出现“奇偶性”“鸽笼原理”“不变量”这样的思维概念时，大家就会很开心。对于这样一群可能在旁人看来有些偏执的人，出一个经常出现在中学入学考试中的题目似乎不大合适。于是，我想变换一下出题的方式。我拿着最喜欢的数码相机 Canon S120 走进了卫生间，拍了几张墙上瓷砖的照片，并立即把照片打印了出来。我用尺子在照片上画了线，还写了字（见照片 1）。后来，我查看了这张照片的拍摄时间，发现这张照片拍摄于 2015 年 4 月 25 日 9：25：44，而那天的研究会是下午 1 点开始的，这可真是一次名副其实的临阵磨枪啊。

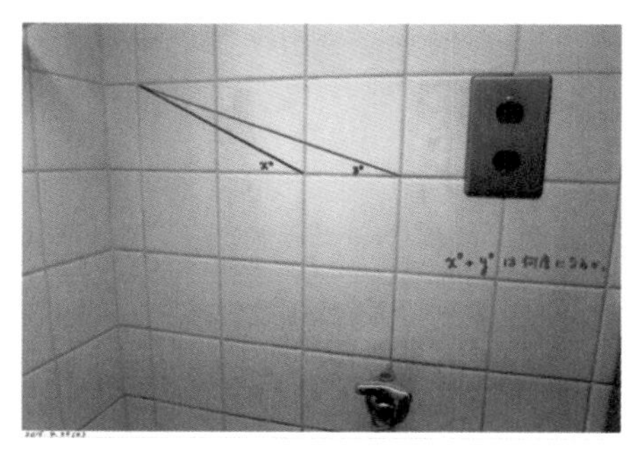

照片 1

我之所以拍摄厕所墙砖的照片，是因为在看到某中学的入学考试题（见图 1）时，我突发奇想，如果把瓷砖和数学题目结合起来会产生什么样的效果呢？虽然这个想法没什么了不起的，但重要的是，这样我就可以完成数学研究会的作业了。当时，我其实也拍了一些正常规整的瓷砖照片，但直觉认为，选择一张瓷砖被拍得稍微有点儿倾斜变形的照片来出题，也许会让解题过程更有趣。所以我特意选择了一张瓷砖有一定倾斜度的照片。准确地说，这张照片里的瓷砖不是正方形的，而是平行四

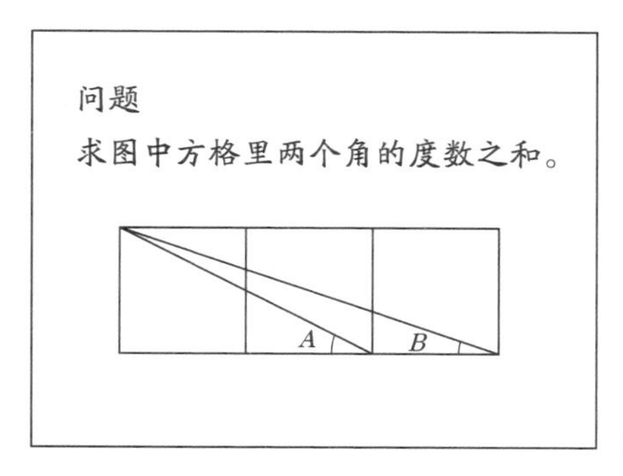

问题
求图中方格里两个角的度数之和。
A
B

图 1

边形的，但我没有过多在意。后来复盘时，我发现这个选择里隐含了一些重要的线索。

被数学包围的一天终于过去了，可以静下心来仔细审视自己所出的题目了。等大家都离开后，我一个人在事务所办公室复盘早上临时想出来的题目和大家做题时的反应。

我想起做题时，有人抱怨这个题目很难。

“老师，这个题目好难啊。”

“这个题目看上去很简单，但真做起来挺难的。”

但实际上，我记得很清楚，大家拿到题目（照片 1）后，马上就开始做题了，并沉浸其中，没有人在意厕所瓷砖不是规整的正方形。

我把自己的题目与原来的题目并排摆放，进行对比（照片 1 和图 1 ）。其实，两道题目的问题本质是一样的。从图形的角度来看，原题的图形更加方正准确；而我出的题目里照片上的瓷砖因为拍摄时的角度问题，有些瓷砖出现了倾斜的现象。不过我想，解题人是能够轻松地捕捉到出题意图的，根本不会在意那些倾斜。后来，我进一步分析自己内心的想法，发现当时的确是故意选择了一张有点儿倾斜的瓷砖照片来出题的。但是，这种“故意”到底是源于什么样的心理呢？这个疑问虽然有点儿任性，但我还是开始探究自己的内心。

人类重要的认知能力之一是“知觉的恒常性”。受到观察方向、距离、照明等因素影响，同一个物体会呈现出不同的形态（视网膜成像）。但是，人类可以从发生变化后的图像中，辨别感知出物体原本的形态和颜色。这种知觉的稳定性被称为“知觉恒常性”。我心血来潮选择了一张有点儿倾斜的厕所瓷砖照片，并在上面画线、写字，此举其实会激发解题人的知觉恒常性。换言之，解题人会在无意识中接收图片信息，并自动纠正倾斜，将其还原成原本的形状。也就是说，虽然解题人看到的是一张瓷砖有点儿倾斜的照片，但他们会在自己的大脑里画出一个标准的正方形图形来解答问题。也许这个说法有点儿勉强，但我就是这样按照自己的意愿改造了那道中学入学考试题的。

长期以来，我一直在研究和开发讲授数学的方法，成果有幼儿教育节目《生活中的数理曲线 DVD-book》、《毕达哥拉斯装置》（*Pythagora Switch*）的衍生特别节目《数学皮塔》和教学影像教材《看见算术》等。不过，这些成果采用的媒介都是影像。我问自己，为什么不能用书籍也就是纸媒来讲解数学呢？是不是从没有人试过？我在用瓷砖照片出题时，顿时明白了其中的缘由。

基本上不知道那些数学文章在讨论什么。
数学文章总给人某种强加的义务感。

这两个难题横亘在数学教育者的面前，消解了人们学习数学的热情。它们像一堵墙一样，阻挡人们去理解数学的奇妙。而且，“看不懂题目的含义”也让学习数学的人难以启齿。抛开义务教育的话，很难想象会有一个乐意争相解答数学题的世界。但是，厕所瓷砖问题却告诉我，现实世界中的确存在数学问题。

看一眼就能理解题目的意图。
看一眼就想寻找题目的答案。

就这样，在数学研究会成立六年后，我们找到了研究会的研究目标。又过了六年，在 2021 年就有了这本书。

大岛辽和广濑隼也作为庆应义塾大学佐藤研究室的关门弟子，与我一路相伴走来。15 年前，大岛和广濑在专攻数学的研究室笔试考试中取得满分，在我的许可下加入了研究会。可以说，这些年来，正是在他们两个人的带领下，这个研究项目才得以走到今天。在庞杂的时间和各种数学概念中，我们三个人齐心协力面对各种困境，如凤凰涅槃，当初的挣扎变成现在手里的书。衷心地感谢大岛和广濑在数学推广上的诚意和纯粹。

本书的出版也得到了岩波书店滨门麻美子的大力支持。滨门不仅是一位出色的编辑，也是数学研究会的同志。近十年来，滨门不仅提出了许多有意思的问题，也和大家一起为解题冥思苦想过。滨门一直想策划出版一本能够长久受到读者喜爱的书。如果没有她这份强烈的意愿，就不会有这本书。作为并肩作战的伙伴，她总是给我们带来安全感。谢谢她对我们三人的守护与关照。另外，虽然这是一本数学书，却是一本非常可爱的书。感谢贝冢智子为本书设计的可爱装帧。正如大家所见，贝冢的设计简洁明了，让人看了会情不自禁地开心。贝冢是庆应义塾大学佐藤研究室最早的研究生之一，本次她也参与试做了题目，并为本书的编写提出了宝贵的建议，让本书变得更加具有吸引力，衷心地感谢贝冢。有佐藤研究室的开山弟子和关门弟子的陪伴，我感到非常幸福。

杯子与数学相关联的瞬间

广濑隼也

我现在手头上还有一堆为本书设计的候选题目。这些我们觉得很棒的题目没有任何配图，还处于纯文字状态。

本书的诞生源于数学研究会的活动。每次参加研究会的活动，会员们都需要带上自己新出的题目。我觉得，出题比答题难无数倍。出题时需要考虑的东西非常多，比如蕴含了什么样的数学思维、题目本身是否有纰漏、题目的构成是否吸引人，等等。每当想不出题目的时候，我就会重新翻看那些候选题目，思考自己当时为什么觉得这些题目有意思。

我认为，“借助身边的事物来提问，让数学以更亲切的方式呈现出来，容易激发人的兴趣”。在思考和解答数学问题时，我脑海里浮现出杯子、白色格子、街上人行道的地砖……这些现实生活中的事物突然变成了一座座形象生动的桥梁，将我们与数学连接起来。借助这些身边的事物，能够让看似抽象艰涩的数学问题具象化，自己觉得非常开心。

早在为编写本书思考问题之前，我就已经有了为在东京筑地举办的数学研究会出题的经历。其实，刚开始时，研究会并没有每个人都要出题的规矩，而只是由一个人提出自己发现的有趣的数学题目，大家聚在一起解题。我觉得，研究会上充满了在不断试错中逐渐接近答案时的喜悦，以及新的思维方式拓展了自己视野时的愉悦。这本《看一眼就想解答的数学（彩图版）》就是一次新的尝试，希望能借助现实生活中的杯子、人行道地砖等物件，通过纸媒的形式，营造出研究会上的那种沉浸于数学世界的美妙氛围。如果大家通过这本书，能体验到与我们一样遨游数学世界的美妙时光，那将是我最大的快乐。

如何设计问题？

——“奇思妙想”的体验设计

大岛辽

我当初进入数学研究会时，没想到 12 年后会出版一本书。

这本《看一眼就想解答的数学（彩图版）》有两个目标：一个是保证读者一眼就能理解问题的用意；另一个是保证读者一眼就会产生解题的兴趣。为了实现这两个目标，我们摸索尝试了许多种方式来表述问题，陈述解题思路。

我们为本书挑选数学问题的标准是，题目本身是否包含了数学概念、所包含的数学概念是否有趣。在确定好题目后，我们对入选的问题一改再改，精益求精。

修改的重点在于问题的表述方式。如何让读者在打开书后，能在大脑中重新整理归纳出有用的题目信息，尤其是如何顺利地激发读者将所述问题抽象化。为此，我们挑选的道具多是秤、砝码、纸杯、骰子这样一些日常生活中随处可见的物品，目的就是方便大家在思考时进行想象。基于同样的考虑，插图的构图、照明等，也尽量避免了过于图形化的构成。另外，在校对插图和文字时，也是从整体排版的角度来进行审视的。不断调整插图、文字及排版，在确保读者能够理解问题和解题思路说明的基础上，问题内容能够以恰当的顺序、节奏得到展现。

本书的每个问题都是借助数学道具引入的。

就像跳马时需要借助跳板一样，巧妙运用数学道具，可以让我们迅速解答出看似很难的题目。这种安静的兴奋，是我们在数学研究会上沉迷于解题的原因所在，希望读者也能够体验到。想要体验这种兴奋，准确地说，需要的是“奇思妙想”，而非“聪明”。“思考”是一种能力，只要练习，就能掌握。在看解题思路说明前，请提前准备好纸和笔，尽量依靠自己的思考去找到解题的思路。实际上，本书每道题的解题思路说明不过是一个示范而已，我们非常欢迎读者提出不同的解题思路。我保证，这本书上的题目都非常有意思。

如果读者能够通过本书体验到“奇思妙想”，觉得数学真是有趣，那就太好了。

参考文献

《令人心服口服的数学（第 1 集）》，秋山仁（主编），数研出版，1999 年。

《培养逻辑思维的数学问题集（上・下）》，谢尔盖・多里琴科（Sergey Dorichenko），坂井公（译），岩波书店，2014 年。

《培养弹性思维的数学问题集（全 3 册）》，德米特里・福明（Dmitri Fomin）等，志贺浩二、田中纪子（译），佐藤雅彦（解说），岩波现代文库，2012 年。

《鸽子的诱惑》，根上生也，日本评论社，2015 年。

《大脑变聪明　算数魔术 & 益智游戏》，庄司孝仁、Hayahumi（主编），中公新书 LaClef，2013 年。

《珍藏的数学益智题》，皮特・温克勒（Peter Winkler），坂井公等（译），日本评论社，2011 年。

《矩阵博士的魔法数（续）》，马丁・加德纳（Martin Gardner），寿里龙（译），东京堂出版，2002 年。

装帧・文字设计　贝塚智子［EUPHRATES］

摄　　影　大岛辽
　　　　　贝塚智子（秤砣和秤 / 大中小三块巧克力）
　　　　　佐藤雅彦（码头 / 松屋银座百货商店的食品卖场 / 卫生间的瓷砖）

美　　术　大岛辽（码头系缆桩的模型 / 十字路口 / 汉诺塔）
　　　　　古别府泰子（大中小三块巧克力 /6 个方格）
　　　　　贝塚智子（大中小三块巧克力）

插　　图　佐藤雅彦 + 贝塚智子

出　　镜　贝塚智子（封面 / 汉诺塔总共有几个 / 大中小巧克力 / 7 枚黑白棋的棋子 / 取硬币游戏）
　　　　　大桥耕 Balding Lila 林 Nazuna 加藤寿太郎 仲京子
　　　　　竹中晄太 山本朗生（6 个小朋友与 6 个方格）
　　　　　山本晃士 Robert（5 个纸杯）
　　　　　佐藤雅彦（4 个道具【* 问题 17 巧用道具画图形】）

协　　助　高桥 Hiroki 石泽太祥（7 枚黑白棋的棋子 / 骰子的旋转）

摄影协助　公益财团法人 早稻田奉仕园（6 个小朋友与 6 个方格）

图片来源　Sushipaku/pakutaso（www.pakutaso.com）（黑板上的 0 与 1）
　　　　　日本经济新闻电子版 2018 年 1 月 22 日（东京的人口与头发）
　　　　　《什么是鸽笼原理》（东京的人口与头发）
　　　　　贝塚智子对 BenFrantzDale, Igor523 的“Pigeons-in-holes.jpg”进行了调整后完成图片的制作。此图像提供在知识共享标识 – 继承 3.0 非移植（CC BY-SA 3.0）之下。

作者简介

佐藤雅彦

1954 年生于日本静冈县，毕业于东京大学教育学院，1999 年后担任庆应义塾大学环境情报学院教授。2006 年，担任东京艺术大学影像研究科教授。2021 年至今，任东京艺术大学名誉教授。

著有《"经济原来如此" 会议》（合著，日本经济新闻社）、《新理解方法》（中央公论新社）等。另外，还参与了游戏《LQ》（索尼电脑娱乐有限公司）的制作，并从庆应义塾大学佐藤雅彦研究室时期开始就参与了 NHK 教育频道《毕达哥拉斯装置》《思考的乌鸦》《编程思维》等节目的制作，一直在多个领域活跃。

凭借《日常生活中的数理曲线》（小学馆）获得 2011 年度日本数学会出版奖。还曾荣获 2011 年度艺术推荐奖文部科学大臣奖，2013 年获紫绶褒章，2014 年、2018 年受邀参加戛纳电影节"短片竞赛"单元活动。

大岛辽

出生于 1986 年，庆应义塾大学大学院政策 · 媒体研究科硕士。本科在读期间，加入佐藤雅彦研究室，参与了《毕达哥拉斯装置》节目的制作。研究方向为表现研究，毕业后成为程序员、交互设计师。2014 年，举办了名为"放置手指"的实验装置展。曾被独立行政法人情报处理推进机构认定为 2011 年度 IT 人才发掘 · 培养事业的首位超级创造者。2012 年，获得 D&AD 奖。

广濑隼也

1987 年生于日本神奈川县。2012 年获庆应义塾大学政策 · 媒体研究科硕士学位。本科在读期间，加入佐藤雅彦研究室，参与了《毕达哥拉斯装置》节目的制作。研究方向为表现研究，现为程序员。2012 年，获得 D&AD 奖。

图书在版编目（CIP）数据

看一眼就想解答的数学：彩图版 /（日）佐藤雅彦，（日）大岛辽，（日）广濑隼也著；陶思瑜译．—北京：东方出版社，2024.8
ISBN 978-7-5207-3772-2

Ⅰ. ①看… Ⅱ. ①佐… ②大… ③广… ④陶… Ⅲ. ①数学—青少年读物 Ⅳ. ① O1-49

中国国家版本馆 CIP 数据核字（2023）第 229995 号

TOKITAKU NARU SUGAKU
by Masahiko Sato, Ryo Oshima, Junya Hirose

Originally published in 2021 by Iwanami Shoten, Publishers, Tokyo.
This simplified Chinese edition published 2024
by People's Oriental Publishing & Media Co., Ltd., Beijing
by arrangement with Iwanami Shoten, Publishers, Tokyo
through Hanhe International (HK) Co., Ltd.

本书中文简体字版权由汉和国际（香港）有限公司代理
中文简体字版专有权属东方出版社
著作权合同登记号图字：01-2023-5039

看一眼就想解答的数学（彩图版）
（KANYIYAN JIUXIANG JIEDA DE SHUXUE CAITUBAN）

作　　者：［日］佐藤雅彦　［日］大岛辽　［日］广濑隼也
译　　者：陶思瑜
策 划 人：王莉莉
责任编辑：李　莉　段　琼
产品经理：李　莉　段　琼
出　　版：东方出版社
发　　行：人民东方出版传媒有限公司
地　　址：北京市东城区朝阳门内大街 166 号
邮　　编：100010
印　　刷：北京联兴盛业印刷股份有限公司
版　　次：2024 年 8 月第 1 版
印　　次：2024 年 8 月第 1 次印刷
印　　数：1—5000 册
开　　本：787 毫米 × 1092 毫米　1/16
印　　张：8.5
字　　数：50 千字
书　　号：ISBN 978-7-5207-3772-2
定　　价：59.80 元
发行电话：（010）85924663　85924644　85924641